パソコンらくらく高校数学 微分・積分

関数グラフソフト「GRAPES」で楽しく学ぶ

友田勝久 著
堀部和経

ブルーバックス

```
付属CD-ROMの動作するパソコンの条件

・対応OS：Windows 98 SE/2000/Me/XP
・CPUの能力：Pentium400MHz以上を推奨
・メインメモリ：64MB以上
```

【免責事項】

・収録されたプログラムについては入念な検証作業を行っておりますが、あらゆる環境での動作を確認するのは事実上不可能なため、著者ならびに講談社は、正常に動作しない場合があっても保証は致しません。
・CD-ROMに収録されたプログラムやデータを利用して起きたいかなる損失や障害にも、著者ならびに講談社はいっさいの責任を負いません。

[注意]
・一部のパソコンにおいて、グラフの描画に時間がかかる場合があることが確認されています。メモリの増設などによって問題を解決できる場合もありますが、複合的な要因が原因となっている場合には、改善されないことがあります。CD-ROMの故障ではありませんので、ご了承ください。
・付属CD-ROMには、PDF形式のファイルが収録されています。これらのファイルは5.0以前のAcrobat Readerでは正しく表示されないことがあります。その場合には、CD-ROMに収録されているAcrobat Reader5.0をインストールしてください（"ar505jpn.exe" をダブルクリック後、指示に従えばインストールできます）。

AdobeおよびReaderはAdobe Systems Incorporated（アドビ システムズ社）の米国ならびに他の国における商標または登録商標です。
© 2003 Adobe Systems Incorporated. All rights reserved.

●カバー装幀／芦澤泰偉・児崎雅淑
●目次・章扉デザイン／若菜 啓（WORKS）
●本文図版／天龍社

はじめに

久美 ねえ、こんど友部って先生が来たでしょう。

大介 あの、なんだか丸っこい顔しためがねをかけた先生のことかな。

久美 今年はあの先生に微分積分を教わることになるんだって。

大介 ふ〜ん。微積か。先輩が言ってたよ、なんだかよくわからないって。でも計算方法を丸覚えしたらテストはばっちりだって。

久美 そういえば私の先輩は、きっとその計算を使ってだと思うけど、苦労して変な関数のグラフを描いていたわ。

大介 グラフだったら、GRAPESを使えば簡単に描けるよ。

久美 そうね、私も使ったことがあるわ。関数の式を入れたらすぐにグラフを描いてくれるのよね。

大介 じゃ、GRAPESがあれば微積なんてもう平気だ。

先生 それはちょっと甘いんじゃないのかな。

久美 あっ、友部先生。

先生 微積というのは、動くものを扱うための数学の道具なんだ。で、その動きを図に表したのものがグラフだ。

久美 それで、微積の授業でグラフを描くんですね。

先生 そうだね。でもグラフを描くのが目的じゃない。そんなのは君たちも知ってる通り、GRAPESを使えばすぐにできてしまう。微積の真髄はもっと深いんだ。

大介 真髄ですか。

先生 今まではその真髄に到達するまでに式と計算ばっかり出てくるものだから、何をしているのかわからなくなってたんだね。でも、GRAPESを使えばグラフは簡単に描けるから、グラフの助けを借りて微積の勉強ができる。これってすごいと思わないか。

大介 そう言われれば、そうなのかなあ。

はじめに　5

先生 そうだとも。明日からの授業に期待してほしいなあ。
久美 ええ、授業が楽しみです。
大介 そうそう、読者の皆さんも僕たちと一緒に勉強していきましょう。

　講談社の高月氏から、高校生や数学初心者向けに、関数グラフソフトGRAPESを使った微積分の本を書かないかという提案をいただいたのは2年近くも前のことでした。二つ返事でお引き受けしたものの、高校程度の内容とは言っても、微積分の全体をGRAPESを用いることを前提にして再構成するのは大変な作業です。そこで、矮小な厳密さよりも、概念の視覚的な理解を優先するという方針を立てました。一部専門家の方々から見れば数学的にあいまいな部分が残っているでしょうが、高校での微積分の学習に対する新しい提案になると思っています。

　一方で、教科書一冊分にもなるかもしれないくらいの内容を、読者の方に最後まで読み進めてもらうには、何かしらの工夫が必要です。この手助けが、先生と2人の生徒たちです。しかし、私のユーモア感覚では、この3人に十分な表情を与えることができません。「ユーモアと数学教育のセンスがあるGRAPESのよき理解者を求む」という気持ちでいるときに、GRAPES講習会の懇親会で出会った堀部和経氏の名前が浮かびました。堀部氏にはユーモアのセンスだけでなく、数学的な部分についても、多くの提案をいただきました。

　なお、本書はコンピュータを利用しながら読むことで、より深い理解が得られるように書かれています。「プロローグ」の部分に説明がありますので、最初にお読みくださるようお願いします。

友田　勝久

はじめに 5

プロローグ——登場 12
あいさつ 12
GRAPESの起動方法 13

第1講 グラフの接線 17
放物線の接線——17
接線と極限——19
微分係数——21

第2講 導関数 26
導関数——26
整関数の導関数——30
微分の性質——31

第3講 導関数を見る 36
導関数を見る——36

第4講 グラフの増減と極値 40
関数の増減とグラフ——40
関数の極値——42

増減表——44
3次関数のグラフ——47

第5講 積・商の微分法 51
導関数について——51
積の微分法——53
商の微分法——57
$\frac{1}{x^m}$ の導関数——60

第6講 合成関数の微分法 63
合成関数——63
導関数を表す記号——65
合成関数の微分——70

第7講 陰関数のグラフと導関数 76
陰関数——76
陰関数のグラフ——77
陰関数のグラフの接線——80
無理関数の導関数——84

第8講 三角関数と弧度法 89
度数法と弧度法——89

一般角————93
三角関数————96
三角関数のグラフ————97

第9講　三角関数の極限と微分　100
三角関数の極限————100
三角関数の導関数————103
三角関数の極限（おまけ）————107

第10講　指数関数　111
指数の拡張————111
指数関数のグラフ————114
指数関数の例————119

第11講　指数関数の導関数　123
指数関数の導関数————123
自然対数の底 e ————125
指数関数の微分————128

第12講　e の値　131
e と極限————131
級数展開————132

近似値と誤差————134
ある日曜日————137

第13講　対数関数　141
対数の考え方————141
対数————144
対数の性質————145
対数関数のグラフ————149

第14講　対数関数の微分　154
対数関数————154
対数関数の導関数————155
対数関数の微分————157
対数微分————160
任意の底の対数関数の微分————165

第15講　グラフの凹凸と第2次導関数
166
グラフの凹凸————166
グラフの凹凸と第2次導関数————168
変曲点————171

第16講　速度と加速度　174

物体の運動とグラフ——174

自由落下運動と速度——175

速度と微分——178

加速度——179

第17講　媒介変数表示関数の微分　181

平面上の点の運動——181

速度ベクトル——185

速度の大きさ——187

接線の傾き——189

第18講　サイクロイド　191

サイクロイド——191

サイクロイドの方程式——192

タイヤ上の点の速度——193

サイクロイドの接線——197

サイクロイドの法線——198

第19講　区分求積法　201

曲線に囲まれた部分の面積——201

区分求積法 1 ——202

面積の極限——206

区分求積法 2 ——208

第20講　定積分　211

定積分——211

整関数の定積分——214

定積分の性質 1 ——216

定積分の性質 2 ——218

積分変数——221

第21講　微積分の基本定理　224

定積分と関数——224

微積分の基本定理——227

不定積分——228

定積分の計算——233

第22講　面積 1　237

定積分と面積——237

2つのグラフに挟まれた部分の面積
——240

定積分ウィンドウ——241

第23講　面積2　244
置換積分法──244
サイクロイドの面積──249
そして……──254

第24講　体積　257
錐形の体積──257
回転体の体積──260

第25講　道のりと曲線の長さ　262
速度と道のり──262
サイクロイドの長さ──265
それから……──269

終業式　272

GRAPES超簡単講座　274
1. 各部の名称──274
2. 関数のグラフ──276
3. パラメータと残像──279
4. 表示領域と目盛の設定──281
5. 陰関数のグラフ──285

6. 分数や指数を入力するには──287

解答──288

おわりに　302

プロローグ——登場

　これから登場する先生と生徒の紹介です。

あいさつ

先生 さあ、これからGRAPESを使って、微分と積分の勉強をしましょう。私が授業を担当する友部です。生徒は2人だけだけれど、そうだなあ、順番に自己紹介しようか。じゃ君から。

大介 バスケ部の、大介です。県大会でベスト4入りを目指してます。数学は得意じゃないけど、興味はあります。よろしくお願いします。こんな感じで、いいですか。

先生 まあ、いいでしょう、大介君。じゃ、次は、あなた。

久美 えっと、ブラスバンド部の副部長やってます。久美です。数学も好きなんだけど、歴史のほうがもっと好きかな。先生よろしくお願いします。

先生 こちらこそ、よろしくお願いしますよ。

大介 先生は自己紹介しないんですか。

先生 えっ、最初にしたつもりだったけどね。では、もうちょっとだけ、詳しくしようか。

　　先生になって、もう20年くらいかな、当然数学を教えています。えっと、物理も好きな教科です。それ以外にもいろんなことに興味を持っているかな。それから、家族構成は、……。こんなこと関係ないか……、でもまあ話しておくか。妻と子供2人の4人家族です。

　　そうそう、知らないと思うけどバイク歴は長いんだ、ツーリングで全

都道府県に行ったことがあるんだ。まあ、こんなところかな。
大介 先生って、毎日バイクで通学してるんでしょ。
久美 先生の場合は、通学じゃなくて、通勤なんじゃない。
大介 あっそうか。
先生 君たちいい感じだね。知り合いなのかな。
久美 大介君とは小学校からずっと同じ学校なんです。
先生 そうか。今日、初めて会ったのは、僕のほうか。じゃ、2人ともこれからよろしくね。
大介 よろしくしとくよ。
久美 大ちゃんはすぐ調子に乗るんだから。
大介 もう、その呼び方はしないはずだろ。
久美 ごめん。そういう約束だったわね。
大介 これから、よろしくお願いします。
先生 はい、よろしく。
久美 私も、よろしくお願いします。
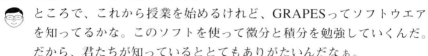 ところで、これから授業を始めるけれど、GRAPESってソフトウエアを知ってるかな。このソフトを使って微分と積分を勉強していくんだ。だから、君たちが知っているととてもありがたいんだなぁ。
大介 何回か、グラフを描くのに使ったことがあります。
久美 私も少しだけど、使いました。
先生 そうか、それならば、話は早いな。

GRAPESの起動方法

 じゃ、まず最初に、GRAPESの起動方法を確認しておこう。添付のCDをコンピュータにセットして、"マイコンピュータ"からCD-ROMを開いてみよう。
大介 こうだね。中にいくつかのフォルダが見えるよ。

プロローグ 13

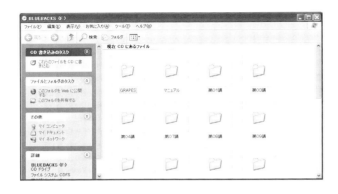

先生 GRAPES本体は、その中の"GRAPES"フォルダに入っているんだ。"GRAPES"フォルダを開いて中を見てごらん。"grapes"というファイルがあるだろう。葡萄のアイコンのファイルだ。

●上の2つの画面は「Windows XP」のものです。

大介 これをダブルクリックすると、GRAPESが起動するんだよね。
先生 そうだね。じゃ、早速、授業を始めようか。
久美 先生、読者の皆さんに大切なことを言い忘れています。
先生 そうだった、大事なことを忘れてたよ。読者の皆さんで、GRAPESを使ったことがない人は、巻末に「GRAPES超簡単講座」(274ページ)があるから、次の講義に進む前にそれを見てくださいね。

先生のちょっと一言

　本書では、読者の皆さんにGRAPESを自分で操作してもらうようにしていますが、ちょっと楽してもらえるように、完成したファイルも用意しています。

　これらは、CD-ROMの中の"第０１講"〜"第２５講"、"マニュアル""付録１"というフォルダに入っています。

　GRAPESからこれらのファイルを開くには、ツールバーの左から２番目にある、[ファイルの読み込み] ボタン をクリックして、「ファイルの場所」からCD-ROMを選びます。

GRAPESって、グラフを描くソフトでしょう。どうして葡萄なのかしら？

先生 それはね、起動するときに瞬間的に出てくるタイトルロゴに書いてあるよ。GRAPESのメニューバーから [HELP] → [バージョン] の順にクリックしても出てくるからよく見てごらん。

久美 ほんとだ。書いてあるわ。

　　GRAph Presentation & Experiment System の大文字の部分をつなぐとGRAPESなのね。

先生 作者に会ったことがあるんだけど、この名前を考えるのに 1 日かかったって言ってたよ。
久美 こだわったのね。
大介 あれっ。このウィンドウはどうやって閉じたらいいのかな。
先生 そのロゴの上をクリックするといいよ。
大介 クリックっと。あっ、ちゃんと閉じた。よかったぁ。

先生のちょっと一言

GRAPESファイルを開くには、GRAPESを起動して、ファイルの読み込みボタンを使う方法のほかに、"マイコンピュータ"からCD-ROMを開いて、そのウィンドウ内でファイルを探し、ダブルクリックして開く方法があります。このときは、あらかじめ「ファイルの関連付け」をしておきます。

この「ファイルの関連付け」をすると、GRAPESのファイルが葡萄アイコンで表示されて、とてもわかりやすくなります。

まず、GRAPESを起動して、メニューバーから［オプション］→［ファイルの関連付け］の順でクリックします。そうすると、［".gps"ファイルをGRAPESで開くようにします］というメッセージが出るので、［OK］を選びます。

「ファイルの関連付け」を行うと、GRAPESファイルは葡萄アイコンで表示されます。そして、これをダブルクリックするとGRAPESが起動し、そのファイルが開きます。

※パソコンの機種によっては「ファイルの関連付け」をしても葡萄アイコンが表示されない場合があります。

第1講 グラフの接線

円の接線は半径に垂直ですから、簡単に接線を引くことができます。では、一般の関数のグラフで接線を引くにはどうすればよいでしょうか。

放物線の接線

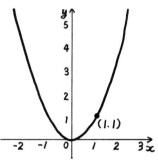

　ここに、放物線 $y=x^2$ がある。この放物線上の点 $(1, 1)$ での放物線の接線の方程式を求めるにはどうしたらいいだろう。

　点 (a, b) を通る傾き m の直線は、$y=m(x-a)+b$ だったから、$a=1$, $b=1$ をあてはめて、$y=m(x-1)+1$ よね……。

　あとは接線の傾き m の値を求めればいいんだけど、どうすればいいのかしら。

　そんなの簡単だよ。GRAPESで放物線と直線を描いてっと。あとは m の値をいろいろ動かして調べればいい。

> **先生のちょっと一言**
>
> 　$y1=x^2$, $y2=m(x-1)+1$ と入力します（巻末の「GRAPES超簡単講座」には目を通しましたね）。
>
> 　それから、1対1ボタン と領域外軸表示ボタン をクリックして、これらをONにしておいてください。

久美 え〜っと。パラメータ m を動かすと……。
大介 $m=2$ だよ。きっと。

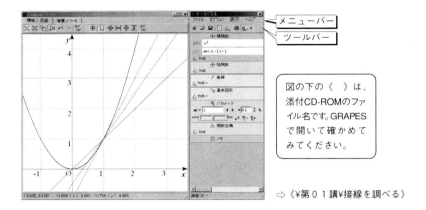

図の下の《 》は、添付CD-ROMのファイル名です。GRAPESで開いて確かめてみてください。

⇨《¥第01講¥接線を調べる》

久美 でも本当に2にぴったりなの？
先生 では、本当に $m=2$ かどうかを確かめてみよう。グラフをどんどん拡大していって、どこまで拡大しても接していればいいわけだ。
大介 うん、確かにきっちり接している。

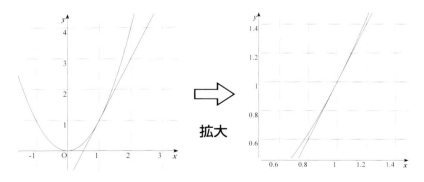

拡大

18 第1講 グラフの接線

久美 本当ね。$m=2$ よ。

先生 それでは、同じ放物線上の点、$(2, 4)$ や $(3, 9)$ での接線の傾きを求めてごらん。

大介 点 $(2, 4)$ を通る直線は、$a=2$ で $b=4$ だから $y=m(x-2)+4$ だよね。m を動かして、え〜っと、$m=4$ だ。

久美 私も点 $(3, 9)$ で調べたんだけど、$m=6$ になったわ。

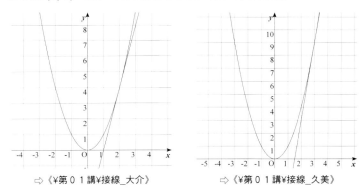

⇨《¥第０１講¥接線_大介》　　　　⇨《¥第０１講¥接線_久美》

§練習1　次の関数のグラフについて、接線の傾きを求めてください。

(1) $y=x^2-2x$ 上の点 $(2, 0)$ での接線

(2) $y=x^3$ 上の点 $(1, 1)$ での接線

　⇨《¥第０１講¥第１講練習1_1》《¥第０１講¥第１講練習1_2》

※練習問題の解答は288ページ以降にあります。

接線と極限

 あれ？　さっきの放物線と接線だけど、どんどん拡大していったら、グラフがひとつになっちゃった。変だよ。

 ほんとだ。でも、もしかして２つのグラフが重なってるんじゃないの？

大介 放物線は直線じゃないから、少しはずれるだろ？

久美 それもそうねぇ。

実際に調べてみればわかるよ。

放物線 $y=x^2$ と接線 $y=2(x-1)+1$ は、$x=1$ のときどちらも $y=1$ だから、この点で 2 つのグラフは重なっている。

そこで、接点の x 座標 1 より少しだけ大きな数を $x=1+h$ とすると、2 つのグラフの y 座標は、

$$y=2(x-1)+1=2h+1$$
$$y=x^2=1+2h+h^2$$

になる。

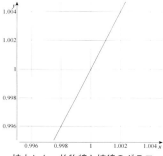

拡大した、放物線と接線のグラフ

つまり、x 座標が 1 から h だけ増えるとき、接線の y 座標は、1 から $2h$ だけ増え、放物線の y 座標は、1 から $2h+h^2$ だけ増える。

それで、h が 0 に近づくとき、h^2 は $2h$ に比べてうんと小さくなるから、2 つのグラフはほとんど重なって見えるんだ。

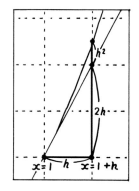

久美 先生、「うんと小さくなる」ってどういうこと？

先生 そうだな。$h=0.1$ とすると、

$$2h=0.2,\ h^2=0.01$$

だから、h^2 は $2h$ に比べてさして小さな数ではないが、$h=0.001$ とすると、

$$2h=0.002,\ h^2=0.000001$$

だから、$2h$ と h^2 では 3 桁も違ってくる。$h=0.0000001$ とすると、

$$2h=0.0000002, \quad h^2=0.00000000000001$$

だから、$2h$ と h^2 では、え〜っと、7 桁も違う。こうなったら、h^2 は $2h$ と比べてほとんど 0 だと言ってもいい。

久美 幅 h を小さくしていくと、放物線はいくらでも接線に近づいていくんですね。

先生のちょっと一言

コンピュータの画面を虫眼鏡で拡大して見れば 2 つのグラフの違いがわかるでしょうか？

答えは NO です。

実は、コンピュータの画面は小さなピクセル（点）の集まりでできています。ふつう縦方向のピクセル数は 600〜1000 なので、それ以上の小さな違いはコンピュータの画面では表現できないのです。

微分係数

 さっきは接線の傾きをグラフを使って求めたが、これでは正確さに欠ける。そこで計算で求める方法を考えてみよう。

 ええっ、正確に計算できるの。だったら、それを教えてください。

そうね、正確に値がわかるのなら、そっちのほうがいいわ。

先 興味が湧いたかい。じゃ、まずは手始めに放物線 $y=x^2$ における $x=1$ での接線の傾きを求めてみようか。

まず、放物線上の 2 点 P(1, 1)、Q(1+h, (1+h)²) をとり、この 2 点を

結ぶ直線の傾きを求めると、

$$\frac{(1+h)^2-1}{h} = \frac{2h+h^2}{h} = 2+h$$

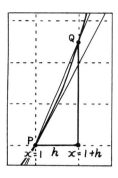

ここで、hをどんどん0に近づけていくと、放物線の弧PQは限りなく直線に近づいていくから、直線PQは限りなく接線に近づいていく。

ところで、hをどんどん0に近づけていくと、$2+h$は限りなく2に近づく。だから、$x=1$での接線の傾きは2だということがわかる。

久美 なるほど、すごいわね。

大介 でも、いちいちこんなことしていたら、面倒なんじゃない。

先生 直線を決定するには、どうしても2点が必要なんだ。しかし、接線の場合、接点以外にもうひとつの点を定める方法がない。そこで、とりあえず放物線上に2点をとって、それからこの2点を近づけていくとどうなるかを調べるんだ。

久美 hを限りなく0に近づけるのと、hに0を代入するのとはどこが違うんですか？

先生 hを0にすると、2点P, Qは同じ点になってしまうから具合が悪い。だから、0にはしないけれど、0に限りなく近づけるとどうなるかを調べるんだ。

久美 わかるような気もするけど、何か怪しくない？ 0ではないけど0に限りなく近づくって……。

先生 もう少し詳しく言うと、0ではないが、どんな小さな値よりもっと小さいってとこかな。

 まだ何かわからないなあ。

22　第1講　グラフの接線

先生のちょっと一言

なめらかな曲線を際限なく拡大していくと、やがて直線と見分けがつかなくなります。つまり、無限に小さな区間では曲線も直線として扱えるということです。これが微分の基本的な考え方です。

しかし、「無限小」や「限りなく近づける（これを極限という）」という概念に何やら怪しげな臭いを感じるのは久美だけではなく、微積分法の創始者であるニュートンやライプニッツですら、厳密に扱うことはできなかったようです。このような微積分法の基礎を築いたのがコーシーで、$\varepsilon-\delta$論法という非常に巧妙な表現方法を用いて極限の概念を厳密に扱うことに成功しました。微積分法の発見から1世紀半も後のことです。

大介 いいじゃないか。とにかく、先生続けてよ。

先生 そうしよう。「hをどんどん0に近づけていく」とか「$2+h$は限りなく2に近づく」は、記号で$h \to 0$や$2+h \to 2$と表すんだ。これを使うと、

「hをどんどん0に近づけていくと、$2+h$は限りなく2に近づく」

は、

$h \to 0$のとき$2+h \to 2$

と書ける。このとき、

「$h \to 0$のときの$2+h$の極限値は2である」

と言うんだ。これは記号で、

$$\lim_{h \to 0}(2+h)=2$$

と表す。

先生のちょっと一言
　　lim は limit（極限）から付けられた記号です。

先生 例として、さっきの計算をもう一度やってみよう。

　　直線PQの傾き $\dfrac{(1+h)^2-1}{h}$ について、$h \to 0$ のときの極限値を求めればいいから、

$$\lim_{h \to 0}\dfrac{(1+h)^2-1}{h}=\lim_{h \to 0}\dfrac{2h+h^2}{h}=\lim_{h \to 0}(2+h)=2$$

　　それでは、同じようにして、放物線 $y=x^2$ の $x=2$ での接線の傾きを求めてごらん。

大介 $\lim_{h \to 0}\dfrac{(2+h)^2-2^2}{h}$ だから、

$$\lim_{h \to 0}\dfrac{(2+h)^2-2^2}{h}=\lim_{h \to 0}\dfrac{4h+h^2}{h}=\lim_{h \to 0}(4+h)=4$$

　　傾きは4です。

先生 今は放物線 $y=x^2$ で調べたが、これを一般の関数 $y=f(x)$ で置き換えると、関数 $y=f(x)$ のグラフの $x=a$ での接線の傾きは、

$$\lim_{h \to 0} \frac{f(a+h) - f(a)}{h}$$

だということになる。この値を、微分係数と言って $f'(a)$ で表すんだ。

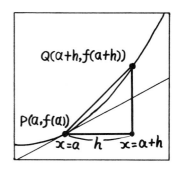

関数 $f(x)$ の $x=a$ での微分係数 $f'(a)$ は、
$$f'(a) = \lim_{h \to 0} \frac{f(a+h) - f(a)}{h}$$

---

§練習2　放物線 $y=x^2$ の $x=a$ での接線の傾きを求めてください。

久美　求めてください、と言われてもねえ。

先生　じゃ、ヒントとして、具体的な方法を言うよ。$f(x)=x^2$ として、

$$f'(a) = \lim_{h \to 0} \frac{f(a+h) - f(a)}{h}$$

に代入すればいいんだよ。

大介　何とかなりそうかなぁ。

久美　そうね、ここまで教えてもらえばね。

先生　読者の皆さんも解いてみてくださいね。

関数 $y=f(x)$ のグラフの接線の傾きを表す関数を $f(x)$ の導関数といいます。ここでは、導関数の求め方や性質を調べます。

導関数

 関数 $y=f(x)$ のグラフの $x=a$ での接線の傾きは、

$$f'(a) = \lim_{h \to 0} \frac{f(a+h) - f(a)}{h}$$

だったよね。そこで、この式の a を x に置き換えたものを、関数 $f(x)$ の導関数というんだ。つまり、

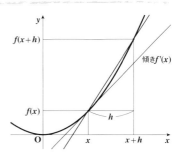

> $f(x)$ の導関数 $f'(x)$ は、$y=f(x)$ のグラフの接線の傾きを表す関数で、
> $$f'(x) = \lim_{h \to 0} \frac{f(x+h) - f(x)}{h}$$

先生、「a を x に置き換えたもの」って言われても、具体的に $f'(a)$ と $f'(x)$ は、どう違うんですか。

先生 そうだね、形は同じだけど、僕たちの見る立場が違うって言うのかな。つまり、aは定数だったから、$f'(a)$も定数で、名前も微分係数といって定数らしい名前が付いているだろ。それに比べて、xは変数だから、$f'(x)$はxの関数で、名前も導関数といって、ちゃんと関数となっているだろ。

🧑 つまり、先生が言った、「aをxに置き換えたもの」というのは、「定数aを変数xに換える」という意味なんだ。

久美 ただ、文字を換えただけではないんですね。

先生 そうそう、僕が少し言葉足らずだったかな……。

久美 質問してよかった。

大介 そうだね。

先生 さて、それじゃ、$f(x)=x$のとき、$f'(x)$はどんな関数になるかわかるかな？ グラフで考えてごらん。

大介 このグラフは直線だから、接線なんてないよ。

先生 そう言わずに、考えてごらん。

久美 元の直線と接線が重なってるって考えたらいいんじゃないの。

大介 なるほど。じゃ、傾きはいつでも1だから、$f'(x)=1$だ。先生、これでいいんですか。

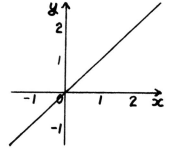

先生 正解です。

大介 やったね。

先生 では、次の練習をやってください。

§練習1　$f(x)=c$（cは定数）の導関数を求めてください。

次に、$f(x)=x^2$ の導関数を求めてみよう。これはグラフを見ているだけじゃわからないから、

$$f'(x)=\lim_{h \to 0}\frac{f(x+h)-f(x)}{h}$$

を使って求めてみよう。久美やってごらん。

久美 えっと、

$$\begin{aligned}f'(x)&=\lim_{h \to 0}\frac{(x+h)^2-x^2}{h}\\&=\lim_{h \to 0}\frac{2xh+h^2}{h}\\&=\lim_{h \to 0}(2x+h)\\&=2x\end{aligned}$$

先生 前回の最後の練習とほとんど同じだろ。a が x になっただけだから。
久美 そうですね。
先生 それじゃ、大介は $f(x)=x^3$ の導関数を求めてごらん。

う〜ん。$f(x)=x^3$ だから

$$f'(x)=\lim_{h \to 0}\frac{f(x+h)-f(x)}{h}$$

にあてはめて、

$$f'(x)=\lim_{h \to 0}\frac{(x+h)^3-x^3}{h}$$

まではわかるんだけど……$(x+h)^3$ の展開を忘れちゃった。
久美 大介君、もう忘れちゃったの。それはね。え〜と……。

大介 なんだ。久美ちゃんも忘れてるじゃないかよ。

先生 おいおい。

大介 先生。教えてください。

先生 う〜ん。どうやって教えようかな、じゃヒントだけ。

　　　3 乗は、2 乗 $(a+b)^2$ と 1 乗 $(a+b)$ をかければいいんだよ。

久美 そうか。

$$(a+b)^3 = (a+b)^2 (a+b)$$
$$= (a^2 + 2ab + b^2)(a+b)$$
$$= (a^3 + 2a^2 b + ab^2) + (a^2 b + 2ab^2 + b^3)$$
$$= a^3 + 3a^2 b + 3ab^2 + b^3$$

　　　これで、合っているのかな。

先生 合っているよ。これで x^3 の導関数が求められるよね。

大介 a を x、b を h と思えばいいんだよね。そうすると、

$$f'(x) = \lim_{h \to 0} \frac{(x+h)^3 - x^3}{h}$$
$$= \lim_{h \to 0} \frac{(x^3 + 3x^2 h + 3x h^2 + h^3) - x^3}{h}$$
$$= \lim_{h \to 0} \frac{3x^2 h + 3x h^2 + h^3}{h}$$
$$= \lim_{h \to 0} (3x^2 + 3xh + h^2)$$
$$= 3x^2$$

　　　ジャーン。できたよ！

先生 いいねえ。$y = f(x)$ の導関数 $f'(x)$ を求めることを、微分するって言って、ダッシュ「'」を付けて表すんだ。例えば、

第 2 講　導関数　29

$$f(x)=x^2 のとき、f'(x)=2x$$

だから、

$$(x^2)'=2x$$

と表すことができる。ほかにも、

$$y=x^2 のとき、y'=2x$$

なんていう書き方もOKだ。

大介 ダッシュか。毎日トレーニングでやってるぞ。
久美 それは違うダッシュでしょ。

先生のちょっと一言

「f'」を日本では「エフダッシュ」と言っているけど、英語圏では「エフプライム」と発音しているんだ。
「ダッシュ」という記号は本来、横棒「―」のことで、大介の言っている「ダッシュ」と同じ単語で「dash」なんだ。

整関数の導関数

ところで、今までにいろんな関数の導関数を求めたけれど、それをまとめて書くとこうなる。

$$1'=0$$
$$x'=1$$
$$(x^2)'=2x$$
$$(x^3)'=3x^2$$

この次がどうなるか予想できるかな。例えば x^4 はどうかな？

大介 3乗のときは、x の2乗の3倍だから、4乗のときは

$$(x^4)' = 4x^3$$

ですね。

先生 そうだね。じゃ久美。x^5 はどうかな。

久美 もう簡単よ。だって、4が5になるだけだから、

$$(x^5)' = 5x^4$$

先生 そうそう。

そこで、これらの式をひとまとめにすると、

$$(x^n)' = nx^{n-1} \quad (n は 0 以上の整数)$$

と書けるんだ。

大介 なぁんだ、もっと早く教えてくれれば、lim の計算なんかしなくても x^3 を微分できたのに。

先生 これからは楽になるよ。でも、計算だけできればいいってもんじゃないんだ。それに、まだ lim の出番はあるんだ。

微分の性質

今までは、x や x^2 のように簡単な関数だけを扱ってきたが、もう少し複雑な関数について考えてみよう。例えば、

$$(x^2 + x)' = \lim_{h \to 0} \frac{\{(x+h)^2 + (x+h)\} - (x^2 + x)}{h}$$

$$= \lim_{h \to 0} \frac{(x^2 + 2xh + h^2 + x + h) - (x^2 + x)}{h}$$

$$= \lim_{h \to 0} \frac{2xh + h^2 + h}{h}$$

$$= \lim_{h \to 0}(2x + h + 1)$$

$$= 2x + 1$$

だから、

$$(x^2 + x)' = 2x + 1$$

となるよね。ところで、

$$(x^2)' = 2x, \ x' = 1$$

だったから、

$$(x^2 + x)' = (x^2)' + x'$$

だということがわかる。つまり、多項式を微分するには、ひとつひとつの項を微分して加えればいいんだ。

$$\{f(x) + g(x)\}' = f'(x) + g'(x)$$

久美 先生。それって、バラバラにやってあとから加えればいいってこと？

先生 その通り。

大介 少し楽ができそうだね。

先生 そうそう。それから、$(3x^2)'$ はどうなると思う？

大介 新しいパターンだ。

先生 これはバラバラにできるよ。

久美 バラバラって、$3x^2$はx^2が3個あるってこと？

大介 そうか。わかった。

$$3x^2 = x^2 + x^2 + x^2$$

だから、

$$(3x^2)' = (x^2)' + (x^2)' + (x^2)'$$
$$= 2x + 2x + 2x$$
$$= 6x$$

久美 x^2が3個あるから、$2x$も3個ってことですね。

先生 なかなか冴えてるじゃないか。一般には、

$$\{kf(x)\}' = kf'(x) \quad (k\text{は実数})$$

が成り立つ。

大介 今日は公式が多いね。

先生 がまんがまん。今日だけだから。

久美 でも3倍は3倍になるってことだから、先生、この公式「倍は倍」っていう公式にしようよ。

第2講　導関数　33

先生 うーん、そんな名前は付いてないよ。でも、久美だけの標語としてなら いいか。

大介 「注意一秒、ケガ一生」。

それは、関係ないでしょ。あっ、そうだ、さっきの公式と合わせて、 「和は和、倍は倍」公式ってどう。いいネーミングだと思わない？

大介 うん。確かに、そういう関係だもんなぁ。

先生 そう言われても、先生が勝手に名前を付けるわけにはいかないしなぁ…… …。この2つの公式があれば、微分の計算がうんと楽になる。例えば、

$$(x^2 - 2x + 4)' = (x^2)' - 2 \cdot x' + 4'$$
$$= 2x - 2 \cdot 1 + 0$$
$$= 2x - 2$$

それじゃ、次の関数を微分してごらん。

(1) $2x^3 + 5x$ 　　　(2) $x^2 - 4x + 2$

久美 「和は和、倍は倍」でしょ、だから(1)は、

$$(2x^3 + 5x)' = 2(x^3)' + 5 \cdot x'$$
$$= 2 \cdot 3x^2 + 5 \cdot 1$$
$$= 6x^2 + 5$$

大介 じゃ(2)は、僕がやるよ。

$$(x^2 - 4x + 2)' = (x^2)' - 4 \cdot x' + 2'$$
$$= 2x - 4 \cdot 1 + 2$$
$$= 2x - 2$$

先生 う〜ん。大介の解答だが、2は定数だから $2' = 0$ なんだ。だから正解は、

34　第2講　導関数

$$(x^2-4x+2)' = (x^2)'-4\cdot x'+2'$$
$$=2x-4\cdot 1+0$$
$$=2x-4$$

大介 あれっ。ああっ、そうそう。そうだったね。

先生 ちょっと前に、練習しただろ。

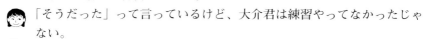「そうだった」って言っているけど、大介君は練習やってなかったじゃない。

あれっ、ばれてたの。

この本は、練習も全部解いてみるという前提で書かれているから、ちょっと困るなぁ。だから、$2'=2$ という間違いをするんだ。

大介 これからは、きちんと練習も解きます。誓います。

久美 はっきり聞いたわよ。

先生 これで、久美が証人だ。

§練習2　次の関数を微分してください。

(1) x^3-3x^2　　(2) $-4x^2+3x+2$

GRAPESを使って、グラフの性質から導関数を求めてみます。厳密さには欠けますが、導関数を視覚的に理解することができます。

導関数を見る

 今、$y = f(x)$ のグラフ上に点 P$(x, f(x))$ をとって、接線を引くと傾きは $f'(x)$ だろう。これを表したのが右の図で、

$$f'(x) = \frac{QR}{PR}, \quad PR = 1$$

だから、

$$f'(x) = QR$$

が成り立っている。

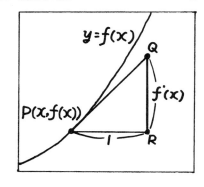

要するに、こうすると $f'(x)$ が長さで表されるってことだね。

先生 そうなんだ。関数の導関数がどんなグラフになるか、この原理を使ってGRAPESで見えるようにしたから、ちょっと見てごらん。ファイル名は、《¥第03講¥導関数を見る1》だから、探してGRAPESで開いてごらん。読者の皆さんは、もう知ってますよね。

大介 開いてみたよ。でもこれって何のことなの？

先生 まず、関数 $y=f(x)$ のグラフがあるだろう。今は、$f(x)=\dfrac{1}{2}x^2+2$ だから、放物線が描かれている。図の $f'(x)$ についてはさっきの説明と同じだから、わかるだろう。

大介 そりゃ、$f'(x)$ は $f(x)$ の導関数ですよね。

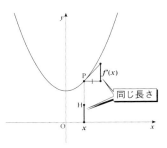

先生 それでこの $f'(x)$ と同じ長さを点Pの真下にとったのが点Hなんだ。だから、点Hの座標は $(x,\ f'(x))$ になっている。

久美 えーっと。点Pの座標は $(x, f(x))$ で、点Hの座標は $(x,\ f'(x))$ なのね。

先生 そう。だから、点Pが $y=f(x)$ のグラフ上を動けば、点Hは $y=f'(x)$ のグラフを描くはずなんだ。GRAPESのパラメータ t を動かしてごらん。この値 t は x の値を表しているから、点Pが動くよ。

わっ。すごい。あれっ？ できたグラフ
はまっすぐな直線だよ。なんだか不思議
だなあ。

先生 ２次関数の導関数は１次関数だろう。

大介 あっ、そうか。１次関数になるから直線なんだ。

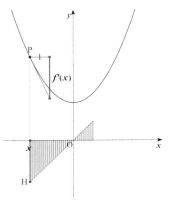

先生 ほかにもいろんな関数で試すことができるよ。GRAPESの関数定義の $f(x)$ の式のところをクリックして、いろんな関数を入れるといいよ。それから、グラフの

第３講 導関数を見る　37

残像を消すには、パラメータエリアの残像消去ボタンをクリックするんだ。

😊 いろんな関数って言っても、本当にいろいろあるでしょ。先生のお薦めの関数はないの。

先生 お薦めかぁ？　うーん、そうだなぁ。

　　　じゃ、$f(x) = \dfrac{1}{12}x^3 - x + 5$ なんてどうだ。

大介 先生、ひょっとして、これもGRAPESファイルが作ってあるんじゃないの。

先生 自分で入力しろよ、「$f(x) =$」のところを変えるだけだろ。

大介 はい。$f(x)$ を入力して、パラメータ t をいろいろ動かしてみるよ。クリック、クリックと……。

😊 あっそうか、接線が真横になるときにちょうど、$f'(x)$ の値が0になるんだ。それに、接線が右上がりなら $f'(x)$ は正の値になってるわ。

先生 そうだよ。それが、$f'(x)$ の値が接線の傾きを表しているという意味じゃないか。

大介 このグラフで、その意味が本当にわかったよ。

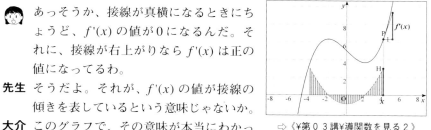

⇨《¥第０３講¥導関数を見る２》

先生 わかってくれたか。とってもうれしいよ。じゃ、もっと、いろんな関数について調べてみるといいよ。

大介 これだ、すぐに次があるんだ……。

先生 例えば、$f(x) = \sin x + 2$ なんかどうかな。そうそう、それに、$f(x) = \sin x + x$ を調べてみても面白いぞ。

久美 えっと、まず、$\sin x + 2$ だったわね。

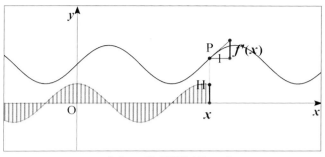

⇨《¥第０３講¥導関数を見る３》

大介 あれっ、$y=f(x)$ と $y=f'(x)$ の形が同じだ。

久美 ほんとね、これって、秘密があるんでしょ。

先生 いいところに気がついたね。それは、後々出てくる話なんだよ。

大介 先のお楽しみか。次は、$\sin x + x$ だったっけ。おおっ、なんだ、これ。うねうね曲がっているけど、ずっと右上がりだぞ。

久美 そうね、グラフがずーっと右上がりだから、$y=f'(x)$ のグラフに負のところがないのね。

先生 じゃ、自分たちでいろんな関数を調べてみよう。

久美 どんな関数でもいいの？

先生 君たちの知っている関数なら何でもいいよ。

大介 面白そうだから、いろいろやってみるか。

先生 いいねえ。そういう「やる気」が一番大切だよ。

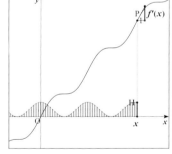

⇨《¥第０３講¥導関数を見る４》

第３講 導関数を見る

関数を微分すると接線の傾きがわかることから、グラフの増減がわかります。そして、これをもとにグラフの概形を知ることができます。

関数の増減とグラフ

 $y=f(x)$ のグラフにおいて、$f(x)$ の導関数 $f'(x)$ は接線の傾きを表しているから、

$f'(x)>0$ のとき、関数 $f(x)$ は増加状態
$f'(x)<0$ のとき、関数 $f(x)$ は減少状態

にあるといえる。

例として、2次関数 $y=x^2-4x$ について考えてみよう。これのグラフは描けるかな？

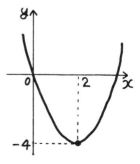

 GRAPESで描いたらすぐできるよ。

先生 それもそうだが、この程度のグラフはGRAPESがなくても描けるようにならなくっちゃ。久美はできるかな？

 $y=x^2-4x=(x-2)^2-4$ だから、頂点は $(2, -4)$ です。それに、定数項がないから、グラフは、原点を通るでしょ。だから、こんな感じですね。

先生 いいですね。定数項は確かに見えないよね。でも、こういうとき、定数項は0である、と言うんだな。

大介 ふーん、そうなんだ。

先生 そうです。それから、今、久美が描いたグラフを、もう一度微分を使って確かめてみよう。いいかな、

$$y' = 2x-4 = 2(x-2)$$

だから、

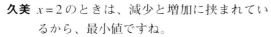

$x < 2$ のとき、$y' < 0$ だから、減少状態
$x > 2$ のとき、$y' > 0$ だから、増加状態

にある。

久美 $x = 2$ のときは、減少と増加に挟まれているから、最小値ですね。

大介 ということは、$y' = 0$ のときが頂点になるんだ。

先生 そうだ。これも図に描き込んでおこう。

　　それじゃ、2次関数 $y = x^2 - 6x + 10$ のグラフの増減や頂点の座標を微分を利用して調べてごらん。

 $y' = (x^2 - 6x + 10)' = 2x - 6 + 0 = 2(x-3)$ だから、

$x < 3$ のとき、$y' < 0$ なので、減少状態
$x > 3$ のとき、$y' > 0$ なので、増加状態

になる、とまあこんな感じ。

久美 それで、頂点は $x = 3$ のときでしょ。そのとき、

$$y = 3^2 - 6 \cdot 3 + 10 = 1$$

だから、頂点の座標は、(3, 1) よ。

先生 いいねえ、じゃあ、練習問題だ。

大介 ええっ、もう？（笑）

§練習1　次の2次関数のグラフの増減や頂点の座標を微分を利用して調べてください。
(1) $y = x^2 - 8x + 12$
(2) $y = -2x^2 + 4x$

関数の極値

 今までは2次関数までしか扱わなかったよね。ここではちょっと3次関数を扱ってみよう。

例として $y = x^3 - 3x$ のグラフを調べてみるから、まずはGRAPESで描いてごらん。普通の関数のことを、GRAPESでは陽関数と呼んでいるからね。

 じゃ、陽関数のところの［作成］ボタンをクリックして、$y1$ を $x^3 - 3x$ とすればいいのよね。描けたわ。

大介　このグラフには、山と谷があるね。

久美　ほんとだ。2次関数のときは、頂点はひとつしかなかったけど、3次関数だと2つもあるのね。

先生　うーん、3次関数では頂点という言葉は使わないけどね。確かに山頂や谷底に相当する点がひとつずつあるよね。ここではまず、それがどうしてなのか、微分を使って調べてみよう。

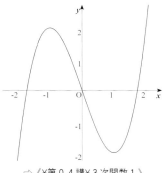

⇨《¥第04講¥3次関数1》

大介　了解。

先生　いやにいい返事だね。

大介　たまにはね。

先生　さて、グラフを見ると、$x = -1$ と $x = 1$ を境にして、増加→減少→増加と変化しているだろ。これを確かめるために導関数を求めてみると、

$$y' = (x^3 - 3x)'$$
$$= 3x^2 - 3$$
$$= 3(x+1)(x-1)$$

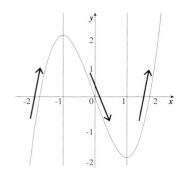

だから、

$x < -1$ のとき $y' > 0$
$-1 < x < 1$ のとき $y' < 0$
$1 < x$ のとき $y' > 0$

になるだろう。ここで、

$y' > 0$ のとき y は増加状態
$y' < 0$ のとき y は減少状態

だから、x が「$x<-1$ → $-1<x<1$ → $1<x$」と変化するとき、y は「増加 → 減少 → 増加」と変化していることがわかる。

それで、このグラフには山と谷がひとつずつあるんだね。

先生 そうなんだ。次に、その山とか谷のことだけど、山頂は $x=-1$ のときなので $y=(-1)^3-3\cdot(-1)=2$、谷底は $x=1$ のときなので $y=1^3-3\cdot 1=-2$ になっている。

ところで、山頂の y 座標を極大値、谷底の y 座標を極小値、そして、この2つをまとめて極値って言うんだ。だから、3次関数 $y=x^3-3x$ は、

極大値が　2　（$x=-1$ のとき）、
極小値が -2　（$x=1$ のとき）

ということになる。

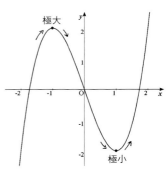

第4講　グラフの増減と極値　43

どうして、最大値や最小値じゃなくって、極大値とか極小値って言うんですか？

先生 それはね、この $y=x^3-3x$ の場合、$x=-1$ の付近では $y=2$ が最大だけど、グラフ全体で見るともっと大きな値をとる点がいくらでもある。例えば、$x=3$ のとき $y=3^3-3\cdot3=18$ だから 2 よりも大きいだろう。

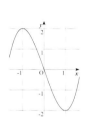
この範囲で見ると、$y=2$ が最大

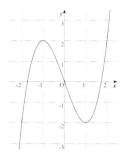
この範囲で見ると、$y=2$ より大きい点はいくらでもある

　だから $y=2$ は最大じゃない。それで、遠慮して「極大」って言うんだ。

　ええっ、数学でも「遠慮」することがあるんだ。ふーん、久美「遠慮」って大切なんだぞ。

久美 それ、どういう意味よ。

先生 話を進めるぞ。

増減表

　グラフの増加減少の様子をわかりやすく表すために、増減表というのがあるので紹介しておこう。

例えば、$y = x^3 - 3x$ だと、

$$y' = 3(x+1)(x-1)$$

だったから、

$$x = -1, 1 のときに、y' = 0$$

になっている。これが極値の候補だ。そこで、まず

$$x \cdots -1 \cdots 1 \cdots$$

と書く。次に、y'の正負を調べてその下にプラスやマイナスの記号を書く。

x	$\cdots$	-1	$\cdots$	1	$\cdots$
y'	$+$	0	$-$	0	$+$

最後に、yの増減を斜めの矢印で書き込む。

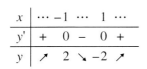

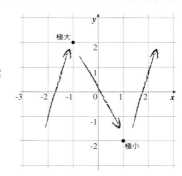

これを増減表って言うんだが、これだけでもグラフの形がなんとなくわかるだろう？ コンピュータがなかったころは、みんなこうやってグラフを描いてたんだ。

大介 本当に、みんなこんなことして描いてたんだ。面倒なことをしていたんだね。

 GRAPESなら、式さえ入力したら1秒もかからないのに。

大介 ほんと、GRAPESってすごいんだね。

先生 君たちはGRAPESに感謝しなくちゃいけないね。ただ、増減表は電気

を使わないから、環境に優しいし、停電しても使えるから、マスターしておかなくっちゃね。
久美 それなら先生も環境のことを考えて、バイクをやめて自転車にしなきゃ。
大介 そうだよ、先生。それにみんな言ってたよ。先生のナナハンは古くって燃費メチャ悪い、って。

でも、高級乗用車に比べたら、環境負荷もたいしたことないし、それに、……（もごもご）……。

久美 先生、だんだん声が小さくなってきています。
先生 えーっと、ここで練習問題です。
大介 なんかさあ、都合悪くなると練習って感じ（笑）。

§練習2　次の関数について、増減表を作って極大値や極小値を求めてください。また、GRAPESでグラフを描いて、求めた結果を確かめてみましょう。
 (1) $y = x^3 - 6x^2 + 9x$
 (2) $y = -x^3 + 6x - 1$
⇨《¥第0 4講¥第4講練習2》

先生のちょっと一言
　GRAPESのようなソフトがあれば、増減表はいらないでしょうか？　確かに、グラフを描くだけであれば、増減表は必要ないでしょう。しかし、正確な値を調べるには、どうしても計算が必要です。例えば、$y = x^2 - 2$ と x 軸との交点の x 座標は $\sqrt{2}$ ですが、GRAPESで描いたグラフをいくら眺めても、交点の x 座標が正確に $\sqrt{2}$ であるかどうかはわかりません。
　このように、グラフの正確なデータを調べるためにはどうしても計算による裏づけが必要になります。

3次関数のグラフ

　先生。1次関数には極値がないでしょ。で、2次関数にはひとつあるし、3次関数には2つだから、きっと、次数がひとつ増えると極値もひとつ増えると思うわ。

先生　おっ。すごい思いつきだな。ほとんど正しいよ。

大介　「ほとんど」ってどういうこと？

先生　3次関数には極値がないものもあるんだ。

大介　まだ見たことないよ。

先生　それじゃ、$y=x^3+x$ のグラフを描いてごらん。

大介　え〜っと……あっ、ほんとだ。極値がない。

先生　だろう。

久美　でも、さっきの $y=x^3-3x$ とほとんど同じ式なのに、どうしてこんなに違うんですか。

　微分して増減表を書いてごらん。

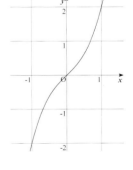

久美　$y=x^3+x$ だから、

$$y'=3x^2+1$$

でしょう。そうすると、$y'=0$ になるときは、

$$3x^2+1=0$$

だから……えーと、あれっ、先生、この方程式は解けません。

先生　解けないわけじゃないけど。この方程式には実数の解はないね。つまり、極値はないんだ。それから、

$$3x^2+1>0$$

だから、増減表は、こんな風になる。

第4講　グラフの増減と極値　47

x	$\cdots$
y'	$+$
y	↗

 これじゃ、こんな形 ／ なのか、こんな形 ／ になっているのか、はたまたこんな形 ／ なのか、全然わからないよ。

久美 そうね、ただ、右に行けば上に行く、ってことだけはわかるわね。

先生 ただね、3次関数のグラフには変曲点といって、グラフの真ん中になる点があるんだ。

大介 グラフのへそだね。

久美 変な図を描かないでよ。

 そのへそ、じゃなくって変曲点を求めて、それを手がかりに描くことはできるんだ。

大介 なるほど。

先生 でも、変曲点の説明をするには、もう少し知識がいるから、あとのお楽しみ！

大介 な～んだ。

先生 結局のところ、「3次関数には極値のないものもある」ということだ。

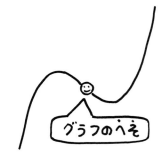

久美 先生。3次関数のグラフには、極値が2つのものと、極値がひとつもないものがあったでしょう。だったら、極値がひとつだけの3次関数もあるんですか。

先生 実はないんだが、これはグラフで説明しよう。

まず、$y=x^3+ax$ のグラフを描いてみよう。$a<0$ のときには、右上の図のように極値が2つある。で、$a>0$ のときは、さっき調べたのと同じように極値はない。だから、$a=0$ のときを調べたらいいわけだ。

久美 $a=0$ よね。描いてみるよ。えっと、極値は、ないわ。

先生 そうなんだ。これを導関数で見ると、$y=x^3$ のとき、

$$y'=3x^2$$

だから、$x \neq 0$ のときはいつでも増加状態だろう。だから極値はないんだ。

久美 でも、a が負のとき極値は2つあるのに、0になったらなくなってしまうって不思議です。

先生 それじゃ、グラフの原点付近を拡大して、a の値を0に近づけていってごらん。きっと解決すると思うよ。

大介 GRAPESで $y=x^3+ax$ の a の値をだんだん0に近づけるよ……あっ、2つの極値がだんだん近づいていって、重なるみたい。っていうことは、ひとつあるじゃん。

先生 今、久美が、ないって確認したばかりだろ。

大介 あっ、そうそう。そうでした。

久美 山頂と谷底がだんだん近づいていって、最後に重なってしまうと、もう、それは、頂点でも谷底でもなくなって、……平らな感じになるのね。

先生 そうだね、いい感覚かな。

大介 3次関数は、極値が2個あるか、ひとつもないかのどちらかなんだ。

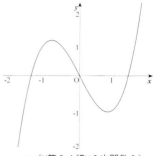

⇨《¥第04講¥3次関数2》

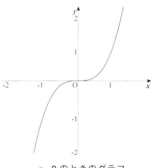

$a=0$ のときのグラフ

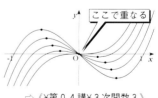

⇨《¥第04講¥3次関数3》

先生 で、ここで練習です。

§ 練習 3　$y=x^3-3x^2+3x$ に、極値はあるでしょうか。増減表を作って調べてください。
　⇨《¥第 0 4 講¥第 4 講練習 3 》

大介　3 次関数はわかったけど……。4 次関数はどうなってるんだろ。
久美　4 次関数はきっと、極値は、3 つあるか、ないかのどちらかでしょ。
先生　うん。それはね、一言では答えられないんだよ。つまり、あるときもあるし、そうでないときも……いろいろなんだ。

『明日は、雨が降るかもしれないし、降らないかもしれない』と同じぐらい意味ない言葉ねぇ、先生。

いや、そういうことじゃなくて、いろんな場合があるから、自分でじっくり考えてみるといいよ、ってことだよ。あっ、そうそう、頂上の少し下の場所にあって、平らになったところを、山岳用語で「肩」と呼んでるんだ。「何々山肩」なんて呼ばれているところは、平らなところが多いんだよ。右のグラフの原点付近は、「グラフの肩」なんて呼んでもいいのかもね。

久美　「へそ」とか「肩」なんて、先生の勝手な造語じゃないんですか。
先生　そうです。世の中では通用してません。
大介　へへっ、先生ってさ、割といいかげんな性格なの？
先生　いや、数学が好きなくらいだから、きちんとした性格だと思うよ。
大介　そうでもないって感じだよ（笑）。

グラフの肩

⇨《¥第 0 4 講¥肩》

関数の和の導関数については、$\{f(x)+g(x)\}'=f'(x)+g'(x)$ という性質がありました。では、関数の積や商の導関数はどのようになるのでしょうか。

導関数について

 今回は、2つの関数 $f(x)$, $g(x)$ の積 $f(x)g(x)$ の導関数を調べてみよう。ところで、導関数の定義を覚えているかな。

大介 覚えてないよ。

先生 ま、めったに使わない式だから、覚えてなくても無理ないけど……。第2講のノートを見てごらん。

 あの……ノートには計算しか書いてない。

先生 あのな、ノートはあとで見るように書くんだから、計算だけなんて意味ないだろう。じゃ、久美はどうだ。

 ちゃんと、言えますよ。

$$f'(x) = \lim_{h \to 0} \frac{f(x+h)-f(x)}{h}$$

です。

大介 今、チラッとノートを見たんじゃない？

先生 人のことはいいの、まずノートに書いてあるってことが大事なの。

大介 はぁーい。

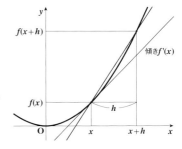

先生 前ページの式で、hはxの増加量で、$f(x+h)-f(x)$はyの増加量を表しているから、これをそれぞれ、Δx，Δyとすれば、

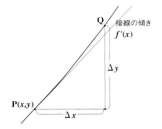

$$f'(x) = \lim_{\Delta x \to 0} \frac{\Delta y}{\Delta x}$$

となる。

　ところで、$y'=f'(x)$だから、上の式は、

$$y' = \lim_{\Delta x \to 0} \frac{\Delta y}{\Delta x}$$

とも表せる。

　また、yの増加量は関数$f(x)$の増加量だから、Δyの代わりにΔfと書いて、

$$f'(x) = \lim_{\Delta x \to 0} \frac{\Delta f}{\Delta x}$$

とも表せる。

大介 約分したら、$\dfrac{\Delta y}{\Delta x} = \dfrac{y}{x}$なのかな？

先生 いいねえ、間違えてほしいところで間違えてくれるなんて。先生としては、ありがたいよ。

大介 それって、ほめられてるの。

先生 Δxってのは、$\Delta \times x$じゃなくって、変数xの増加量という意味なんだ。だから約分はできないんだよ。そもそも、Δとxは、バラバラじゃなく、くっついてひとつの記号となっているんだ。

久美 Δx でひとつの記号なのね。そうか、lim だって、l と i と m をバラバラにするわけにはいかないよね。よく考えたら、ほかにも sin とか $f(x)$ とかいろいろあるわ。

先生 そうだろ。ところで、「増加量」のことを簡単に「増分」とも言う。覚えておこう。

積の微分法

これを使って、2つの関数 $f(x)$, $g(x)$ の積 $f(x)g(x)$ の導関数を求めてみよう。

まず、x の値が Δx 増加するときの、$f(x)$ の増分を Δf、つまり、

$$f(x+\Delta x) = f(x) + \Delta f$$

とする。ここで $f(x)$ を省略して "f" と書くことにすると、

$$f(x+\Delta x) = f + \Delta f \quad\text{────── ①}$$

になる。

久美 関数 $f(x)$ から変数 x をとっちゃったりしてもいいんですか。

気にしない気にしない。久美だって小さいとき、みんなに、「クー」って呼ばれてたじゃないか。

先生 ま、そんなところかな。同じように、

$$g(x+\Delta x) = g + \Delta g \quad\text{────── ②}$$

としよう。ここで、$y = f(x)g(x)$ とおけば、x の値が Δx 増加するときの y の増分 Δy は、

$$\Delta y = f(x+\Delta x)g(x+\Delta x) - f(x)g(x)$$

だから、①と②を代入して、

$$\Delta y = (f + \Delta f)(g + \Delta g) - fg$$

これを展開して整理すると、

$$\Delta y = \Delta f \cdot g + f \cdot \Delta g + \Delta f \cdot \Delta g$$

になる。ここで、両辺をΔxで割るんだ。

 えーーーーっと、

$$\frac{\Delta y}{\Delta x} = \frac{\Delta f \cdot g + f \cdot \Delta g + \Delta f \cdot \Delta g}{\Delta x}$$
$$= \frac{\Delta f}{\Delta x} g + f \frac{\Delta g}{\Delta x} + \frac{\Delta f \cdot \Delta g}{\Delta x}$$

となります。

先生 もう一息。$\dfrac{\Delta x}{\Delta x} = 1$だから、最後の項にこれをかけてもいいよね。だから、

$$\frac{\Delta y}{\Delta x} = \frac{\Delta f}{\Delta x} g + f \frac{\Delta g}{\Delta x} + \frac{\Delta f}{\Delta x} \frac{\Delta g}{\Delta x} \Delta x$$

となる。ここで、$\Delta x \to 0$とすれば、

$$\frac{\Delta f}{\Delta x} \to f', \quad \frac{\Delta g}{\Delta x} \to g'$$

だったよね。だから、

$$y' = f'g + fg' + f'g' \times 0$$
$$= f'g + fg'$$

つまり、

積の微分法
$$(fg)' = f'g + fg'$$

あるいは、

$$\{f(x)g(x)\}' = f'(x)g(x) + f(x)g'(x)$$

これを、積の微分法の公式っていうんだ。

大介 大変な証明だね。最初に考えた人はすごいよね。

久美 こんな証明、思いつかないわ。

大介 数学者じゃなきゃ、思いつかないよ。僕たちではちょっとムリかな、高校生なんだから。

先生 証明のことは、あまり気にしなくていいよ。でも、結果は、結構使いやすいんだ。

大介 使いやすいんだよね。安心、安心。

これは、「前だけ微分、プラス、後ろだけ微分」って標語にしたらどう。

先生 標語作りが好きなんだね。

大介 でも、久美の言う通りになっているね。

先生 じゃ、ちょっと、具体例で計算してみようか。
　　　この例をやってみてごらん。

　　　　例：$y = (x^2 + 2x)(3x - 1)$ の微分

久美 「前だけ微分、プラス、後ろだけ微分」だから

第5講　積・商の微分法　55

$$y' = (x^2+2x)'(3x-1) + (x^2+2x)(3x-1)'$$
$$= (2x+2)(3x-1) + (x^2+2x) \cdot 3$$
$$= (6x^2+4x-2) + (3x^2+6x)$$
$$= 9x^2+10x-2$$

と、これでいいのかな。先生、合ってますか。

先生 完璧だね。
大介 すごいよ。
先生 じゃ、2人とも練習だ。
大介、久美 はぁーい。

§練習1　次の関数を微分してください。
(1) $y = (x^2-3x)(2x+3)$
(2) $y = (x^2+5x-1)(x^2-2)$

ところで、先生。さっきから思ってたんだけど、$(x^2+2x)(3x-1)$ は展開してから微分したらダメなんですか？

先生 試しにやってみようか、今度は大介の番だぞ。
大介 展開するんだから、

$$(x^2+2x)(3x-1) = 3x^3+5x^2-2x$$

だよね。これを微分して、

$$\{(x^2+2x)(3x-1)\}' = (3x^3+5x^2-2x)'$$
$$= 3 \cdot 3x^2+5 \cdot 2x-2 \cdot 1$$
$$= 9x^2+10x-2$$

さっきと同じ答えになるよ。

先生 つまり、どちらの方法で求めてもいいんだ。

久美 やっぱり、先に展開したほうが計算が楽なんじゃないかと思ったわ。それに、公式を使わなくてもいいものね。

先生 そうだね、今のところはね。でも、三角関数や指数関数の積は、展開できないぞ。例えば、

$$\sin x \cos x$$

は展開できないだろ？

大介 そんな関数は微分しなきゃいいの。

 大介君ダメよ、きっとそのうち、先生は、「この関数、微分してごらん」なんて言うわよ。

先生 鋭いなあ。その通りだよ（笑）。

商の微分法

 それじゃ、次に関数の商の導関数を求めてみよう。

$y = \dfrac{f(x)}{g(x)}$ という形の関数を微分するんだが、これは工夫すると、積の微分公式を使って簡単に求まるんだ。まず、$f(x)$ を f、$g(x)$ を g と省略して書くと、

$$y = \frac{f}{g}$$

だから、

$$yg = f$$

になる。この式の両辺を微分するんだ。できるかな。注意することは、

y も g も x の関数だということ。

大介 ということは、久美の言っていた「前だけ微分、プラス、後ろだけ微分」を使うんだ。

久美 左辺は、関数 y と関数 g の積だから、

$$(yg)'=f'$$

でしょう。だから、

$$y'g+yg'=f'$$

です。

先生 そうだね。これを変形すると、

$$y'g = f'-yg' = f'-\frac{f}{g}g' = \frac{f'g-fg'}{g}$$

だから、

$$y'=\frac{f'g-fg'}{g^2}$$

つまり、

$$\left(\frac{f}{g}\right)'=\frac{f'g-fg'}{g^2}$$

というわけだ。

とくに、$f(x)=1$ のときは、$f'(x)=0$ だから

$$\left(\frac{1}{g}\right)'=-\frac{g'}{g^2}$$

が成り立つ。

商の微分法　　　$\left(\dfrac{f}{g}\right)' = \dfrac{f'g - f g'}{g^2}$

とくに、　　　　$\left(\dfrac{1}{g}\right)' = -\dfrac{g'}{g^2}$

大介 積の公式を使って、分数関数の微分をするなんてすごいやり方だね。

先生 かけ算と割り算は逆の関係だから、こんなことができるんだ。

久美 わかったようで、わからない説明ね。

先生 じゃ、まず簡単な例として、$y = \dfrac{1}{x}$ を微分してみようか。

大介 簡単だったら、また僕やります。

これは、$\left(\dfrac{1}{g}\right)' = -\dfrac{g'}{g^2}$ を使うんだよね。

$$y' = -\dfrac{x'}{x^2} = -\dfrac{1}{x^2}$$

ほんと、簡単だ。

先生 じゃ、次は $y = \dfrac{x}{x^2 + 1}$ を微分してみよう。

久美 これは、$\left(\dfrac{f}{g}\right)' = \dfrac{f'g - f g'}{g^2}$ を使うのよね。ややこしそうだから、ゆっくり計算するわね。

第5講　積・商の微分法　59

$$y' = \frac{x'(x^2+1) - x(x^2+1)'}{(x^2+1)^2}$$

$$= \frac{1 \cdot (x^2+1) - x \cdot 2x}{(x^2+1)^2}$$

$$= \frac{-x^2+1}{(x^2+1)^2}$$

できたみたいね。

先生 では、次の微分を、ゆっくりでいいから確実に計算してごらん。

§練習2　次の関数を微分してください。

(1) $y = \dfrac{1}{2x-1}$　　(2) $y = \dfrac{1}{x^2}$　　(3) $y = \dfrac{x+2}{2x+1}$　　(4) $y = \dfrac{3x}{x^2-2}$

$\dfrac{1}{x^m}$ の導関数

 ところで、

$$\left(\frac{1}{x}\right)' = -\frac{1}{x^2}, \quad \left(\frac{1}{x^2}\right)' = -\frac{2}{x^3}$$

だったね。それじゃ、$\dfrac{1}{x^3}$ を微分するとどうなるか求めてごらん。

大介 これは僕がやるね。

$$\left(\frac{1}{x^3}\right)' = -\frac{3x^2}{(x^3)^2} = -\frac{3x^2}{x^6} = -\frac{3}{x^4}$$

これでいいのかな。

先生 それでいいよ。ところでどうだろう。この３つの結果を眺めていたら、自然に $\left(\dfrac{1}{x^4}\right)'$ が予想できそうじゃないかな。

久美 ほんと、きれいに並んでいるわ。分子が、1、2、3、となっているし、……。

大介 （割り込んで）わかったぞ。$\left(\dfrac{1}{x^4}\right)' = -\dfrac{4}{x^5}$ だ。

久美 うーん。もう！　今、言うところだったのにぃー。

大介 えへへ。

先生 いいかな、これを一般的に書くとこうなる。

$$\left(\frac{1}{x^m}\right)' = -\frac{m}{x^{m+1}} \quad\text{————}\quad ①$$

大介 また覚えるの、公式？

先生 いやいや、今回はちょっと違うんだ。そうだな、$\dfrac{1}{x^4}$ を負の指数を使うとどう書けるかな。

大介 えっと、マイナスを付けて……、

$$\frac{1}{x^4} = x^{-4}$$

と書けます。

先生 そうだね。だから、①式は、負の指数を使って書くと、

$$(x^{-m})' = -mx^{-m-1}$$

になるよね。久美、これとよく似た式を覚えてないかな。

久美 $(x^n)' = nx^{n-1}$ ですか？

第５講　積・商の微分法　61

大介 それなら、僕も覚えてるよ。
先生 この2つは似ているだろう？ つまり、

$$(x^n)' = nx^{n-1} \quad\text{―――――②}$$

で、$n = -m$ を代入したものが、

$$(x^{-m})' = -mx^{-m-1}$$

なんだ。つまり、公式②は n が負の整数のときでも成り立つんだ。
大介 $(x^n)' = nx^{n-1}$ の公式って、利用範囲が結構広いんだ。

$$(x^n)' = nx^{n-1} \quad (n は整数)$$

 あとになったら、もっとすごいことがわかるよ。
久美 何か、先生うれしそうね。
大介 犯人が絶対にばれない推理小説のトリックを思いついたみたいだね。
先生 今は、ないしょだぁ（笑）。

　一見すると複雑な関数も、簡単な関数の組み合わせでできています。ここでは、$\sin(x^2+2x-1)$ のように入れ子になっている関数——合成関数の微分法を考えます。

合成関数

 まず、

$$y=(x^2-1)^3$$

という関数について考えてみよう。この関数は、ちょっと複雑な形をしているけど、

$$u=x^2-1$$

とおくと、

$$y=u^3$$

だから、$y=(x^2-1)^3$ は 2 つの簡単な関数、

$$y=u^3,\ u=x^2-1$$

に分けることができる。

つまり、最初に x^2-1 を求めて、次にそれを 3 乗するということですか。

先生 そうだね。これを図式で示すとこんな感じになる。

第 6 講　合成関数の微分法　63

$$x \xrightarrow[\quad u=x^2-1 \quad]{} u \xrightarrow[\quad y=u^3 \quad]{} y$$

　そうか、x から y を求めるのに、2段階に分けて計算するということなんだ。

先生 じゃ、関数 $y = \dfrac{1}{x^2+1}$ を2つの簡単な関数に分けてごらん、大介。

大介 えーと、分母をひとかたまりと考えればいいのかな……、だから、

$u = x^2+1$ とおいて、……そうしたら、$y = \dfrac{1}{u}$ でいいんだ。

先生 そうだね。じゃ図も描いてごらん。

　図にするとこんな感じかな。

$$x \xrightarrow[\quad u=x^2+1 \quad]{} u \xrightarrow[\quad y=\frac{1}{u} \quad]{} y$$

先生 もうわかったようだね。こんな風に、x の関数 y が、2つの関数

$$y = g(u), \quad u = f(x)$$

に分けられるとき、u を消去すると、

$$y = g(f(x))$$

が得られるだろう。これを2つの関数 f, g の合成関数っていうんだ。

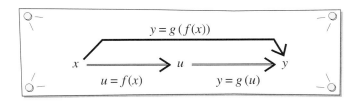

先生 次は、

$$y = \sqrt{u},\ u = -x^2 + 2x$$

を合成すると、どうなるかな、久美。

久美 操作としては、u を消去すればいいの？

先生 それでいいよ。

 じゃ、とっても簡単、

$$y = \sqrt{-x^2 + 2x}$$

よね。それから、図も描いちゃうと、

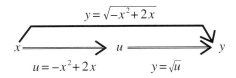

となるわ。

先生 質問するまでもなかったか（笑）。

導関数を表す記号

 次のような関数を考えてみよう。

$$y = u^2, \ u = 3x + 1$$

つまり、

$$y = (3x + 1)^2$$

だ。今回は、この y を微分する方法を考えてみることにする。

久美 先生。y の式が $y = u^2$ と $y = (3x + 1)^2$ の 2 つあるけど、どっちを微分するんですか。

先生 そうなんだ。$y = u^2$ と $y = (3x + 1)^2$ の 2 つある。もし、y を**変数 u の関数**だと考えれば、

$$y' = (u^2)' = 2u \quad \text{───────① }$$

になるけど、y を**変数 x の関数**だと考えれば、

$$y' = \{(3x + 1)^2\}' = (9x^2 + 6x + 1)' = 18x + 6 \quad \text{───────② }$$

になるんだ。

大介 $u = 3x + 1$ だから①の $y' = 2u$ に代入すると

$$y' = 2u = 2(3x + 1) = 6x + 2$$

になるんだ。

あれっ。②からは、

$$y' = 18x + 6$$

になっているわよ。こういうことって、あるの？

そうだね、同じ y' なのに、考え方で結果が違うなんてややこしいんだ。

先生 ややこしいなんてことじゃないんだ。考え方で結果が変わるのは具合が悪いだろう。数学を考えていて、今日の答えは $2x$、明日になれば $x^2 + 1$

です、なんて、変だろ。

 そうね。考え方で結果が変わったら、矛盾だわ。

先生 だけど、これは矛盾じゃないんだ。「微分」と言っている2つのものに違いがあったんだ。

大介 ええっ。矛盾じゃないってどういうこと。

 つまりその違いは、y は微分**される**んだが、どの変数の関数として微分されているかが違ったんだ。

　①は「u の関数として」

　②は「x の関数として」

微分しているだろ。そこが、2つの y' の違うところなんだ。

久美 つまり、①は「u で微分してますよ」。そして②は「x で微分してますよ」って区別するのね。

先生 そうなんだ。だから、どの変数の関数として微分しているかわかるように記号を書けばいいんだ。

大介 どんな風にですか。

次のように決めるんだ。y を変数 x の関数とみて微分するときは、「y を変数 x で微分する」といって、その導関数を $\dfrac{dy}{dx}$ と書く。

　例えば、さっきの例だと、

$$\frac{dy}{dx} = \{(3x+1)^2\}' = 18x+6$$

だ。

　一方、$y = u^2$ だから、y を変数 u で微分すれば、

$$\frac{dy}{du} = (u^2)' = 2u$$

になる。

久美 不思議な記号ですね。yをxで微分するんだったら、y'←(xで微分) みたいな記号とかでいいじゃない。

先生 もちろん、君がきちっと定義した記号を作ったってかまやしないけど。この記号 $\dfrac{dy}{dx}$ は、なかなかいいアイデアなんだ。

久美 ふーん、そうなの。

大介 先生、この $\dfrac{dy}{dx}$ も約分して $\dfrac{y}{x}$ にできないんじゃない。きっと、あの Δx のときと同じだよね。

先生 もちろん、約分しちゃいけないよ。

大介 ほーら。

先生 それから、$\dfrac{\Delta y}{\Delta x}$ は分数だったけれど、今度の $\dfrac{dy}{dx}$ は分数でもないからね。

大介 ええっ、分数の形をしているよ。

先生 そうなんだ、見た目はまるで分数だろ。だけど、分数じゃないんだ。

大介 それじゃ「分数もどき」だ。

先生 「分数もどき」か、なかなか面白い感想だね。それから、この記号は、"dy" と横棒 "—" と "dx" 全部でひとかたまりの記号なんだよ。

こんなにいろいろあって、ひとつの記号なのね。まるでスーパーのパック商品みたいね（笑）。

先生のちょっと一言

dy や dx の d は differentia（差、差分という意味）の頭文字です。
そして、$\dfrac{dy}{dx}$ は「ディワイ、ディエックス（$dy\,dx$）」と読みます。

先生 ところで、積や商の微分法のところでやったように、

$$y' = \lim_{\Delta x \to 0} \frac{\Delta y}{\Delta x}$$

だったから、今、定めた記号をあてはめると、

$$\frac{dy}{dx} = \lim_{\Delta x \to 0} \frac{\Delta y}{\Delta x}$$

になる。つまり、

$$\Delta x \to 0 \text{のとき、} \frac{\Delta y}{\Delta x} \to \frac{dy}{dx}$$

と表してもいいよね。

久美 それで、微分の記号を分数みたいに書くんですね。

先生 そうなんだ。あと、この式の理解のしかたなんだが、次のように考えるといいよ。つまり、Δx を無限に小さくしたときの、x の増分が dx で y の増分が dy だと考えるんだ。そうすると、$dy \div dx$ はグラフの傾きを表すだろう。だから、$\dfrac{dy}{dx}$ は導関数を表す記号にぴったりなんだ。

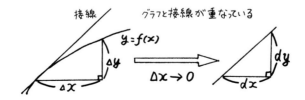

久美 無限に小さな幅なんて、本当にあるんですか？

先生 実はない。でも、なんとなく想像できるだろう。で、そういうことを想像するとわかりやすい。

大介 うーん、そんなものかなぁ。

> **先生のちょっと一言**
>
> 　微分が数学に登場したころは、「無限小」を使っていましたが、これは矛盾を引き起こしました。そのために、無限小という数は、仮想のものとして想像することはあっても、それを数学理論の中で扱うことはありませんでした。
>
> 　しかし現在、「無限小」を合理的に扱う理論が構築されています。この理論を超準解析 (non-standard analysis) といいます。

合成関数の微分

 合成関数 $y = g(f(x))$ を微分する方法を考えてみよう。

まず、

$$y = g(f(x))$$

だから、

$$y = g(u),\ u = f(x)$$

と分解できる。今、x が Δx だけ増加するときの u の増分を Δu、y の増分を Δy とする。このとき、

$$\frac{\Delta y}{\Delta x} = \frac{\Delta y}{\Delta u}\frac{\Delta u}{\Delta x} \quad\text{―――――①}$$

70　第6講　合成関数の微分法

が成り立つよね。

大介 そりゃ、Δu を約分すればいいんでしょ。

先生 そうだね。①式は分数の式だから当たり前だよね。ここで、$\Delta x \to 0$ とすると、$u = f(x)$ なんだから、$\Delta u \to 0$ となるよね。

それって、x の増分がほとんど 0 になると、u の増分もほとんど 0 になるってことですよね。

先生 まぁ、そういう感じ。で、$\Delta x \to 0$ とすると、$\Delta u \to 0$ で、$\Delta y \to 0$ となるだろ。だから、

$$\frac{\Delta y}{\Delta x} \to \frac{dy}{dx} \ , \ \frac{\Delta y}{\Delta u} \to \frac{dy}{du} \ , \ \frac{\Delta u}{\Delta x} \to \frac{du}{dx}$$

が成り立つ。つまり、

$$\frac{dy}{dx} = \frac{dy}{du}\frac{du}{dx} \ \text{—————} \ ②$$

となるんだ。

久美 なんだか、記号の操作をしているだけって感じだわ。

大介 僕は、Δu を約分したように、右辺の du を約分しちゃいたくなるね。それで、「証明終わり」ってね。

先生 ②式は分数の式じゃないから約分はできないけど、分数みたいに見えるから覚えやすいね。君たちはライプニッツに感謝しなくちゃ。

大介 誰？ その人。

微積分を発見した人で、今使っている便利な記号は彼のおかげなんだ。伝記本などもいっぱい出ているから、読んでみると面白いよ。

第 6 講 合成関数の微分法　71

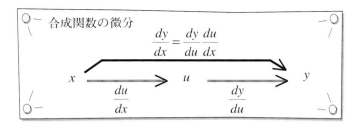

先生 それじゃこれを使って、

$$y = (x^2 - 1)^3$$

を微分してみよう。まず、

$$y = u^3,\ u = x^2 - 1$$

と分解する。そして、それぞれ、u と x で微分するんだ。

ちょっと待ってよ。えーっと、

$$\frac{dy}{du} = 3u^2,\quad \frac{du}{dx} = 2x$$

っていうことかな。先生、これでいいよね。

先生 そうそう、わかっているじゃないか。そこで、合成関数の微分は、あとはかけ算するだけだった。もうわかるよね、久美。

久美 だから、

$$\frac{dy}{dx} = \frac{dy}{du}\frac{du}{dx} = 3u^2 \cdot 2x = 6xu^2$$

になるわ。

先生 そうだね。ここで $u = x^2 - 1$ だったから、これを代入すればできあがりだ。

大介 ということは、

$$\frac{dy}{dx} = 6xu^2 = 6x(x^2-1)^2$$

となります。

先生 今のことを、図で表すとこうなるよ。

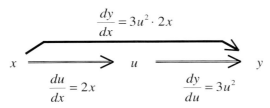

さあ、練習しようか。

§練習1　次の関数を微分してください。
(1) $y=(3x-2)^4$　　(2) $y=(x^2-2x-1)^3$

 合成関数の中でも $y=f(ax+b)$ の形の関数はよく使うから、これの導関数を公式にしておこう。$y=f(ax+b)$ は、

$$y=f(u),\ u=ax+b$$

と分解できるから、

$$\frac{dy}{du} = f'(u) = f'(ax+b),\ \frac{du}{dx} = a$$

だろう。だから、

$$\frac{dy}{dx} = \frac{dy}{du}\frac{du}{dx} = f'(u) \cdot a = af'(ax+b)$$

つまり、

$$\{f(ax+b)\}' = af'(ax+b)$$

 $\{f(ax+b)\}'$ と $f'(ax+b)$ とはどこが違うんですか。

 これはなかなか鋭い質問だ。$\{f(ax+b)\}'$ というのは、$f(ax+b)$ の導関数で、$f'(ax+b)$ というのは、$f(x)$ の導関数 $f'(x)$ に $ax+b$ を代入したものなんだ。

大介 よくわかんないよ。

 こういう説明はどうだ。2つの操作を考えるんだ。
(A)「x の代わりに $ax+b$ を代入する」
(B)「x で微分する」
とするよ。いいかい。

大介 オッケー。

先生 $f(x)$ に対して、$\{f(ax+b)\}'$ は（A）のあとに（B）をするんだ。そして、$f'(ax+b)$ は、（B）のあとに（A）をするんだ。こういう説明でどうかな。

久美 つまり、一方は代入してから微分して、もう一方は、微分してから代入するのね。

大介 うん、そうか。こっちのほうがよくわかるよ。

先生 でも、これは、さっきの説明と同じなんだがなぁ。

大介 あれっ、そうですか。でも、よくわかりました。

先生 さあ、理解したのなら練習だ。

大介 あちゃー。実は、まだよくわからなくて……。

 練習です。

§練習2　次の関数を微分してください。

(1) $y=(2x+3)^3$ 　　(2) $y=\dfrac{1}{2x-1}$

関数は $y=f(x)$ の形をしていますが、円の方程式 $x^2+y^2=r^2$ のように、x と y に関数関係があるにもかかわらず方程式が $y=f(x)$ の形ではない場合、これを陰関数といいます。ここでは、陰関数の扱い方を紹介します。

陰関数

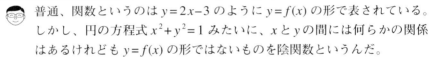 普通、関数というのは $y=2x-3$ のように $y=f(x)$ の形で表されている。しかし、円の方程式 $x^2+y^2=1$ みたいに、x と y の間には何らかの関係はあるけれども $y=f(x)$ の形ではないものを陰関数というんだ。

直線の方程式を $ax+by+c=0$ みたいに書くことがあるけど、これも陰関数なの？

先生 そうだよ。ほかにも、双曲線の方程式を $xy=a$ の形で書くことがあるよね、これも陰関数だ。

それじゃ、えーっと、こんな等式

$$x^2+y^2+x+y=x^2y^2$$

も陰関数になりますか。

先生 大介は、そのグラフを知っていて聞いたのかい。

大介 ううん、でたらめに言ってみただけ。

先生 だろうと思ったよ。でも、それも陰関数だ。しかも、その関数のグラフは面白い形かもしれないよ。

久美 ふーん、どんな形かしら。

陰関数のグラフ

 陰関数のグラフってどうやって描くのかなあ。
 「$y=$」の式に直したらいいんじゃないの？

　　　例えば $2x+3y=6$ だったら、$y=-\dfrac{2}{3}x+2$ だからすぐに描けるじゃない。

大介　でも、$x^2+y^2=4$ みたいな式だったら？
久美　う〜ん。それはね、$y^2=4-x^2$ だから、

$$y=\sqrt{4-x^2} \ \text{と} \ y=-\sqrt{4-x^2}$$

じゃないの？

大介　そうか、y を x の関数として表せばいいのか。でも、今日の久美はなんだかいつもと違うな。
先生　それじゃ、さっき大介が書いた関数だったらどうなる？
久美　えっと、$x^2+y^2+x+y=x^2y^2$ でしょ。これは、y についての2次式だから、えっと……。面倒だわ。
先生　そうだね。それに、いつもうまく y が x の式で表せるとは限らないんだぞ。例えば、$\sin xy=x+y$ だったらどうする？
 ええっ、三角関数だなんて、そんなのを持ち出すのは反則です。
 そうだよ、「闇討ち」みたいだよ。今、僕たちが考えているのはもっと、なんて言うかなぁ。もっと普通の式です。
久美　そうよ先生、それは「定義域外」です。
先生　「定義域」が出てきたか。わかった、わかった。これはあとでGRAPESに頼むとして、話を続けるよ。
大介　そうしてください。
 陰関数のグラフを描くのは結構大変なんだ。だから昔の人は陰関数のグラフを描くためにいろんな工夫をしている。でも、いつでも使えるよう

な一般的な方法はないんだ。
久美 じゃ、今の人はどうやって描いているんですか。
大介 そんなの決まっているじゃないか。コンピュータを使えばすぐに描けるだろう。
久美 あっ、そうか。GRAPESを使えばいいのよね。
先生 そうだね。GRAPESのデータパネルの陰関数エリアの［作成］をクリックして、方程式を入力するんだ。
久美 試しに、$x^2+y^2=4$ を入力してみるわ。ほんとね。一瞬だわ。

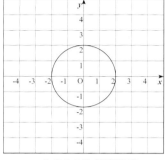

⇨《¥第０７講¥陰関数円》

先生のちょっと一言
巻末の「GRAPES超簡単講座」の「§５陰関数のグラフ」（285ページ）も参考にしてください。

先生 さっき、大介が書いた関数も入力してごらん。
大介 $x^2+y^2+x+y=x^2y^2$ だったっけ。あっ、変な形になったよ。でも、これって面白いね。
先生 そうだろ。
大介 じゃ、さっき先生が言ってた、sinが出てくるのもだいじょうぶかな？
先生 さあ、どうかな、試してごらん。

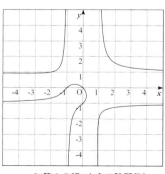

⇨《¥第０７講¥大介の陰関数》

久美 私が入力してみるわ。$\sin xy = x+y$ だったでしょ。なんだか、変なグラフね。

先生 そうそう。言い忘れてたけど、$y=f(x)$ の形の関数のことを、陰関数と区別するために陽関数ということもあるんだ。

大介 それで、GRAPESのデータパネルに「陽関数」って書いてあるんだ。

久美 陰関数とか陽関数って、陰陽論みたいね。

先生 ええっ、久美は陰陽論を知っているのかい。

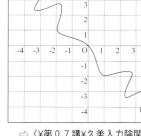

⇨《¥第０７講¥久美入力陰関数》

久美 どこだったかな、どこかの古い思想で、世界観を規定する２つの概念が「陰」と「陽」で、「気」の二面性を表すんだったような……。

先生 よく知ってるねぇ。びっくりしたよ。

大介 ふーん。久美は物知りなんだなぁ。

先生 陰陽論っていうのは、中国の古い思想なんだな。それから、陰陽論と五行説とが組み合わさって、陰陽五行説となって、万物を説明する理論になるんだ。

大介 先生、陰関数や陽関数は、それと関係あるの。

先生 「陽」は明、つまり明らかなという意味があるので、はっきり関係がわかる関数に用いられたんだ。「陰」は暗、つまり、明示的でないという意味があるんだ。それに、陰関数は、implicit function の翻訳で、暗示された関数という意味だから、ちょうど「陰陽論」の概念と一緒なんだろうなぁ。数学と直接関係ないけど、ネーミングとしては、ぴったりだったんだね。

久美 少しは関係あったんだ。

大介 すごいなぁ。それで、その説はいつごろの……。

第７講　陰関数のグラフと導関数　79

先生 話がそれてきたぞ。いかんいかん、ここで練習なんだ。

大介 練習のこと忘れるかと思っていたのに（笑）。

次の練習は、面白いぞ。さあ、やってごらん。それに、そのあと、自分でいろんな陰関数を考えて、GRAPESで描いてみるといいよ。きっと、びっくりするようなグラフになるぞ。

§練習1　次の陰関数のグラフをGRAPESで描いてください。
 (1) $x^4+y^4=16(x^2-y^2)$
 (2) $x^3+y^3=3xy$
 (3) $\sin x+\sin y=\sin nx+\sin ny$ ($n=2, 3, 4, \cdots$ などとしてみましょう)
 (4) $x^2+y^2=x^4+y^4+a$ (aの値をいろいろ変えてみましょう。$a=0.25$ に注目)
 ⇨《¥第０７講¥第7講練習1》

陰関数のグラフの接線

右の図は、$x^2+xy+y^2=28$ のグラフだけど、点(4, 2)がこのグラフ上にあるのはわかるかな。

そんなの、見たらすぐわかるじゃん。

先生 でも、ひょっとしたら、ほんの少しだけずれてるかもしれないだろう。

久美 $(x, y)=(4, 2)$ のとき、

$$x^2+xy+y^2=4^2+4\times 2+2^2=28$$

だから、ぴったり通ってます。

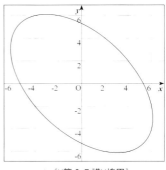

⇨《¥第０７講¥楕円》

先生 その通りだ。今日の久美は本当に冴えてるなあ。

久美 いつもです！

先生 ところで、この点での接線の傾きを求めるには、どうしたらいいだろう。

大介 接線の傾きだから、微分すればいいんじゃないの。

先生 そうだね。ちょっとやってみよう。

$$y^2+xy+(x^2-28)=0$$

と変形すれば、これは y の2次方程式だから、解の公式を使って、

$$y=\frac{-x\pm\sqrt{-3x^2+112}}{2}$$

これを微分すれば、傾きが求まるんだ。

先生のちょっと一言

解の公式を忘れちゃった人は、ここを見てね。
x の2次方程式 $ax^2+bx+c=0$ の解の公式は、

$$x=\frac{-b\pm\sqrt{b^2-4ac}}{2a}$$

だったよね。

だから、方程式 $y^2+xy+(x^2-28)=0$ は、y の2次方程式と見て、

$$y=\frac{-x\pm\sqrt{x^2-4\cdot1(x^2-28)}}{2\cdot1}=\frac{-x\pm\sqrt{-3x^2+112}}{2}$$

となるのです。

 $y=\dfrac{-x\pm\sqrt{-3x^2+112}}{2}$ って、この微分って、すごく大変じゃない。何かいい方法あるんでしょう、先生。

第7講 陰関数のグラフと導関数 81

実はある。元の式、$x^2 + xy + y^2 = 28$ をそのまま微分して、出てきた式から、y' を求めるんだ。

ええっ。xy や y^2 が微分できるんですか。

先生 この前にやった積の微分法や合成関数の微分法を使うと簡単にできるんだ。例えば、積の微分法の公式を使って、xy を x で微分すると

$$(xy)' = x'y + xy' = y + xy'$$

になる。

大介 ほんとだ。だまされてるみたい。

先生 それじゃ、y^2 を x で微分してごらん。$y^2 = yy$ と考えるといいよ。

久美 これも、積の微分の公式を使うのよねえ。

$$(y^2)' = (yy)' = y'y + yy' = 2yy'$$

なんだかできちゃったけど、これでいいのかしら。

先生 それでいいんだ。意外と簡単だろう。今の計算は合成関数の微分法を使って、

$$(y^2)' = \frac{dy^2}{dx} = \frac{dy^2}{dy}\frac{dy}{dx} = 2yy'$$

とする方法もある。こちらも結構役に立つよ。

大介 なんかちょっと難しくなってきたぞ。

先生 話を、$x^2 + xy + y^2 = 28$ に戻そう。これの両辺を x で微分すると、

$$2x + (y + xy') + 2yy' = 0$$

になるから、

$$(x + 2y)y' = -2x - y$$

82　第7講　陰関数のグラフと導関数

だろう。だから、
$$y' = -\frac{2x+y}{x+2y}$$

これに、$(x, y) = (4, 2)$ を代入すると、接線の傾きが出るよ。

大介 $y' = -\dfrac{2 \times 4 + 2}{4 + 2 \times 2} = -\dfrac{5}{4}$ だから、傾きは $-\dfrac{5}{4}$ ですね。

先生 そうだね。GRAPESで確かめてみようか。

接線は、傾きが $-\dfrac{5}{4}$ で、点 $(4, 2)$ を通るから、

$$y = -\frac{5}{4}(x-4) + 2$$

になる。これを描いてごらん。

久美 接線のグラフを書き加えてみるわ。あっ、ほんとね。ちゃんと接線になっている。

大介 でも、ひょっとしたら、ほんの少しだけずれてるかもしれないよ。

先生 大介。もしかして、すねてるんじゃないのか。

大介 …………。

久美 知ーらない。

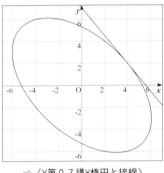

⇨《¥第０７講¥楕円と接線》

§練習2　先ほどの曲線 $x^2 + xy + y^2 = 28$ について、点 $(6, -2)$ における接線の傾きを求めてみましょう。

⇨《¥第０７講¥第7講練習2》

§練習3　曲線 $x^2-2y^2=1$ について、この曲線上の点 $(3, 2)$ における接線の傾きを求めてください。また、GRAPESで確かめてみましょう。
⇨《¥第07講¥第7講練習3》

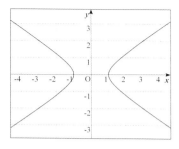

無理関数の導関数

 さっき使った微分のテクニックはいろんなところで使えるんだ。例えば、$y=\sqrt{x}$ の微分について考えてみよう。こんな風にルートの中に変数が入った関数を無理関数というんだ。

見慣れない関数だね。そんな関数考えても意味があるの？

先生 もちろんさ。例えば、長さ x m の振り子の周期（往復に要する時間）を y 秒とすれば、およそ

$$y=2\sqrt{x}$$

になっているんだ。だから、長さ1mの振り子の場合、$x=1$ として、$y=2\sqrt{1}=2$ だから、周期は2秒だということがわかる。

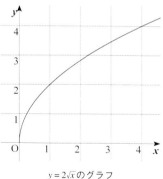

$y=2\sqrt{x}$ のグラフ

大介 ふーん、じゃ、ひもが1本あれば2秒が測れるわけだ。そのときの重りはどれくらいにするの？

先生 重りの重さじゃなくて、正確に言うと質量なんだけど、周期は質量に関係しないんだ。

久美 ええっ、そうなの、知らなかったわ。

> **先生のちょっと一言**
>
> 長さ x m の振り子の周期は厳密には、$y = 2\pi \sqrt{\dfrac{x}{g}}$ です。
>
> ここに g は重力加速度と呼ばれる、地球表面での重力の強さを表す定数で、およそ 9.8m/s^2 です。

先生 そのうち物理で教わるよ。

大介 先生は、物理も得意なんだ。

先生 まあ、多少はね。えっと、話を元に戻そう。なんだったっけ、そうそう、$y=\sqrt{x}$ の微分だったね。この両辺を2乗すると、

$$y^2 = x$$

になるだろう。これを微分するんだ。

久美 これはさっき出てきたところだから、できるわ。$(y^2)' = 2yy'$, $x' = 1$ だから、$y^2 = x$ の両辺を x で微分すると、

$$2yy' = 1$$

になるのよ。

先生 そうそう。だから、

$$y' = \frac{1}{2y}$$

になるだろう。ここに、$y = \sqrt{x}$ を代入すると、

$$\left(\sqrt{x}\right)' = \frac{1}{2\sqrt{x}}$$

大介 すごい！ 簡単に求まるんだね。でも、ひょっとしてこれも重要公式かな？
先生 もちろんさ。
大介 じゃ、覚えなきゃいけないのかな……。
先生 そうでもないんだよ。分数や負数の指数を使えば、

$$\sqrt{x} = x^{\frac{1}{2}}, \quad \frac{1}{\sqrt{x}} = x^{-\frac{1}{2}}$$

だから、さっきの式にあてはめると、

$$\left(x^{\frac{1}{2}}\right)' = \frac{1}{2} x^{-\frac{1}{2}}$$

になるだろう。この式って見たことないかい。

先生のちょっと一言

指数が負数や分数の場合には
$a>0$ とするとき、

$$a^0 = 1, \quad a^{-1} = \frac{1}{a}, \quad a^{-2} = \frac{1}{a^2}, \cdots$$

また、

$$a^{\frac{1}{2}} = \sqrt{a}, \quad a^{\frac{1}{3}} = \sqrt[3]{a}, \quad a^{\frac{2}{3}} = \sqrt[3]{a^2}, \cdots$$

と定められています。「第10講　指数関数」に説明があります。

大介 さあ。

先生 じゃ、こうすればどうかな。

$$\left(x^{\frac{1}{2}}\right)' = \frac{1}{2}x^{\frac{1}{2}-1}$$

久美 それって、

$$(x^n)' = nx^{n-1}$$

に $n = \frac{1}{2}$ を代入したものじゃないの。

先生 そうだね。つまり、

$$(x^n)' = nx^{n-1}$$

の公式は、n が分数のときでも成り立つんだ。

大介 すごいよ。これは感激だね。ひとつの公式がいろんなところで使えるんだ。

 ちょっと待ってよ。「分数のときでも」って、まだ $n = \frac{1}{2}$ のときしか調べてないじゃない。

先生 それもそうだ。それじゃ、

$$y = x^{\frac{2}{3}} \quad \text{つまり、} y = \sqrt[3]{x^2}$$

について、さっきと同じようにして、微分してごらん。ちょっと、ヒントを言っておくよ。両辺を3乗すると、

$$y^3 = \left(x^{\frac{2}{3}}\right)^3 = x^{\frac{2}{3} \times 3} = x^2$$

だから、$y^3 = x^2$、これを使うんだ。

第7講　陰関数のグラフと導関数

§練習4　$y = x^{\frac{2}{3}}$ を微分してください。

先生 で、まとめると

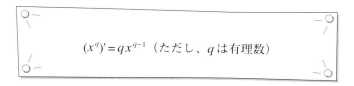

$$(x^q)' = qx^{q-1} \quad (ただし、q は有理数)$$

となるんだ。

三角関数は周期的な運動を扱うには欠かせない重要な関数です。ここでは、角の大きさを表す方法としての弧度法と三角関数のグラフを扱います。

度数法と弧度法

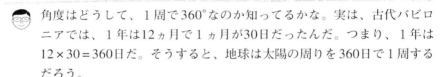

角度はどうして、1周で360°なのか知ってるかな。実は、古代バビロニアでは、1年は12ヵ月で1ヵ月が30日だったんだ。つまり、1年は12×30＝360日だ。そうすると、地球は太陽の周りを360日で1周するだろう。

わかったわ。1日に地球が動く角度が1°なんですね。

先生 そうなんだ。それが度数法の始まりというわけだ。

大介 1年が360日でよかったよ。

先生 どうしてだ。

1周が365°だったりしたら、直角は365÷4で割り切れないし、正三角形の角度だって計算する気になれないからね。

先生 大介らしいな。

でも先生。昔の1年は今より短かったのかな？ あれっ!! そのころの人は、地球が太陽の周りを回ってるって知ってたんですか？

えっ、そっそれは……だな……歴史の先生にでも聞いてみてくれ。

第8講 三角関数と弧度法　89

先生のちょっと一言

　古代バビロニアでは、天体観測によって得られた知識で春分点を年の始まりとした暦を使っていて、1年を360日としていたんだ。出土した粘土板にそのことが書かれていたんだよ。それ以外にも例えば、円に内接する正六角形の1辺は円の半径と同じであることや、正六角形の辺と半径とで正三角形が6つできることも知っていた。その正三角形のひとつの内角が60°となることなどから、60進法を使っていたんだ。60は約数を多く持っているから、分数の分母として適していたんだね。だから、バビロニアでは、計算に60の約数を分母とする分数を使っていた。今では、60進法というと時間に使われているね。1時間は60分で、1分は60秒。実は、角度も時間と同じで、1度は60分で、1分を60秒と言うよね。

とにかく、話を戻そう。1周の360分の1を1°として、これを基準に角の大きさを表す方法を度数法というんだ。それに対して、扇形の中心角と弧の長さの関係を用いて角の大きさを表す方法を弧度法というんだ。

　ここに、適当に∠XOYを作ってみる。このとき、∠XOYを中心角に持つ半径1の扇形を作ると、弧の長さℓは中心角に比例する。例えば、

$\angle \text{XOY} = 180°$のとき、 $\ell = \pi$

$\angle \text{XOY} = 90°$のとき、 $\ell = \dfrac{\pi}{2}$

$\angle \text{XOY} = 60°$のとき、 $\ell = \dfrac{\pi}{3}$

になる。

　つまり、弧の長さℓを見れば中心角

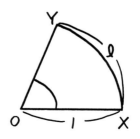

∠XOYの大きさがわかるだろう。そこで、半径1の扇形で弧の長さが ℓ であるような中心角を、ℓ ラジアンということにするんだ。

具体的に、

∠XOY = 180°なら、∠XOY = π ラジアン

∠XOY = 90°なら、∠XOY = $\frac{\pi}{2}$ ラジアン

∠XOY = 60°なら、∠XOY = $\frac{\pi}{3}$ ラジアン

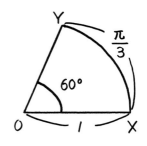

というわけだ。じゃ、45°を弧度法で表すとどうなるかな？

久美 割合の問題ですね。半径1の円の円周は2πだから、弧の長さは、

$$2\pi \times \frac{45}{360} = \frac{\pi}{4}$$

でしょう。だから、$\frac{\pi}{4}$ ラジアンです。

先生 それじゃ逆に、$\frac{2\pi}{3}$ ラジアンを度数法に直すと何度になる？

大介 ややこしいこと聞かないでほしいなあ。え〜っと。中心角を $x°$ とすると、

$$x : 360 = \frac{2\pi}{3} : 2\pi$$

だから、

$$x : 360 = 1 : 3$$

だろう。そうすると $x = 120$ だから、120°だ。

第8講　三角関数と弧度法

先生 その通りだ。慣れるとなんでもないんだが、最初のうちはわかりにくいから、表にしておこう。

0°	30°	45°	60°	90°	120°	180°	360°
0	$\dfrac{\pi}{6}$	$\dfrac{\pi}{4}$	$\dfrac{\pi}{3}$	$\dfrac{\pi}{2}$	$\dfrac{2}{3}\pi$	π	2π

先生 ところで、君たち"π"のことをなんていうか知っているよね。
大介 小学校で習った"円周率"のこと。
先生 そうそう、"率"って言うぐらいだから、何かの割合だよね。

 わかったわ!! 円周率って円周の直径に対する割合だったから、

$$\pi = \frac{\text{円周}}{\text{直径}} = \frac{\text{半周}}{\text{半径}}$$

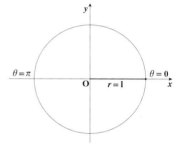

となっているのね。

 そうか。だから180度は、πなんだ。そして2πでちょうど1周、つまり360度なんだ。
先生 大介、ラジアンを開眼したようだね。
大介 うん、すごくよくわかったよ。つまり、先生の書いたラジアンの表は、こういう図になるんだ。それに、なんだかやっと円周率の意味も理解した気分。納得したなぁ。

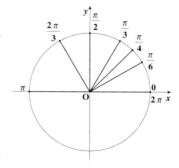

久美 私も。

 2人とも、すっきりした顔しているねえ。すごくいい顔だよ。それから、ラジアンという単位は普通、省略されるんだ。

例えば、

$$\angle XOY = \pi \text{ラジアン}$$

というとき、ラジアンを省略して、

$$\angle XOY = \pi$$

と書くのが普通なんだ。

一般角

 君たちは、静止衛星って知っているかな。

大介 精神衛生なら保健の授業で出てきたよ。

先生 そうじゃない。放送などに使われる人工衛星のことで、地上から見るといつも決まった位置にいるので、止まっているように見える衛星のことだ。例えば、BS放送の衛星はいつも南西の方向にあるだろう。

大介 はい、知ってます。

久美 BS放送とかはよく見てますから、知ってるんだけど、いつも不思議に思っていたの。止まっているのに、なぜ衛星は落ちてこないんですか。

先生 本当は24時間かけて地球を1周しているんだ。地球の自転と同じ速度で動いているから、地上にいる人からは止まっているように見えるというわけさ。実際、その速さは、時速約1万kmなんだ。

大介 メチャ速い。

久美 う〜ん。それ考えた人はえらいなあ。

第8講 三角関数と弧度法 93

先生 静止衛星は24時間で地球を1周するから、1時間だと $\frac{2\pi}{24} = \frac{\pi}{12}$ ラジアンだけ進むことになる。そこで、t 時間で進む角度を θ とすれば、

$$\theta = \frac{\pi}{12}t$$

が成り立つ。

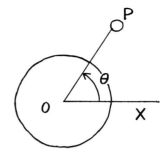

例えば、6時間経ったら $\theta = \frac{\pi}{12} \times 6 = \frac{\pi}{2}$ だから、度数法にして90°だけ進むことがわかる。それじゃ、30時間経ったときはどれだけ進んでいるかな。

大介 $\theta = \frac{\pi}{12} \times 30 = \frac{5}{2}\pi$ です。

先生 そうだね。

ところで $\frac{5}{2}\pi = 2\pi + \frac{\pi}{2}$ だから、この角は1周してからさらに直角を加えた角度になっている。だから、図に描くとこうなる。

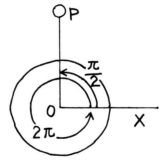

大介 さっきの6時間のときと同じ位置だよ。

先生 そう。同じになる。24時間で地球を1周するんだから6時間後と30時間後では同じ位置になる。

大介 なんだ。24+6=30、そういうことか。じゃ、さらに24時間あとの54時間後も同じ位置だね。

先生 うん、冴えてるぞ。54時間後だと、

94 第8講 三角関数と弧度法

$$\theta = \frac{\pi}{12} \times 54 = \frac{9}{2}\pi = 4\pi + \frac{\pi}{2}$$

になっている。もっと言うと、24時間で2πだけ進むから、

$$\frac{\pi}{2},\ 2\pi + \frac{\pi}{2},\ 4\pi + \frac{\pi}{2},\ 6\pi + \frac{\pi}{2},\ \cdots$$

は全部同じ位置を表している。ついでに言うと、$t = -18$ の場合、$-24 + 6 = -18$ だから、$t = 6$ の場合と同じ位置にある。このとき、

$$\theta = \frac{\pi}{12} \times (-18) = -\frac{3}{2}\pi$$

だから、

$$-\frac{3}{2}\pi = \frac{\pi}{2} - 2\pi$$

が成り立っている。

大介 角度って、0°から360°までしかないんだと思ってたよ。

先生 今は、弧度法の話をしているから、0から2πまでが正しいかな。

大介 ちょっとくらい、気にしないでほしいな。

先生 私もたまには、つっこまなくちゃね。で、こんな風に、負の角や2πより大きな角を含めた角を一般角というんだ。

> **先生のちょっと一言**
> 一般角に対して、$0 \leq x < 2\pi$ の角のことを、主値といいます。

三角関数

 原点を中心とする半径1の円を単位円というんだが、今、単位円において点Pを、∠XOP＝θ となるようにとるとき、Pのx座標を$\cos\theta$、Pのy座標を$\sin\theta$ というんだ。

ここで、三角関数についてのいくつかの公式をあげておこう。

$$\sin^2\theta + \cos^2\theta = 1$$

$$\tan\theta = \frac{\sin\theta}{\cos\theta}$$

$$\begin{cases} \cos\left(\dfrac{\pi}{2} - \theta\right) = \sin\theta \\ \sin\left(\dfrac{\pi}{2} - \theta\right) = \cos\theta \end{cases}$$

$$\begin{cases} \cos(-\theta) = \cos\theta \\ \sin(-\theta) = -\sin\theta \end{cases}$$

$$\begin{cases} \cos(\alpha \pm \beta) = \cos\alpha\cos\beta \mp \sin\alpha\sin\beta \\ \sin(\alpha \pm \beta) = \sin\alpha\cos\beta \pm \cos\alpha\sin\beta \end{cases}$$ （加法定理）

　このほかにも山ほどの公式があるんだけど、上にあげたものは必要最小限度のものだから、きちんと覚えておこう。

大介（小声で）誰が最小限って決めたんだ。

久美（小声で）そうよね。

先生 何か言ったか。

大介 いえ。きちんと覚えなくちゃと思って……。

三角関数のグラフ

先生 では、$y=\sin x$ と $y=\cos x$ のグラフを描いてみよう。x の変域を広げると、三角関数らしい様子が見られるよ。やってごらん。

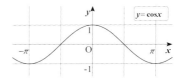

どこまでも同じですね。

先生 うんそうだ。繰り返す様子がよくわかるだろう？

どこまで描いても同じだからつまらないね。

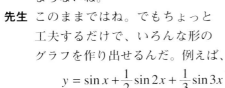

⇨《¥第０８講¥三角関数１》

先生 このままではね。でもちょっと工夫するだけで、いろんな形のグラフを作り出せるんだ。例えば、

$$y = \sin x + \frac{1}{2}\sin 2x + \frac{1}{3}\sin 3x$$

と入力してごらん。

大介 えーと、分数の係数ってどうやって入力するんだったっけ。

先生 例えば、$\frac{1}{3}\sin 3x$ だったら、関数電卓で

$\boxed{1}\ \boxed{/}\ \boxed{3}\ \boxed{\_}\ \boxed{\sin}\ \boxed{3}\ \boxed{x}$

と入力するといいよ。キーボードなら、

$\boxed{1}\ \boxed{/}\ \boxed{3}\ \boxed{\ }\ \boxed{S}\ \boxed{I}\ \boxed{N}\ \boxed{3}\ \boxed{X}$

第 8 講　三角関数と弧度法

とタイプするんだ。分数の分母と次の式の間にスペースを入れるのがポイントだね。これを忘れて、

　　　1　/　3　sin　3　x

とすると、$\dfrac{1}{3\sin 3x}$ になってしまうから注意しよう。

大介　そうそう、そうでした。入力終わりっと。クリック。うわっ、すごいや。

久美　これって、三角形みたいだね。

先生　いろいろ工夫すると面白いよ。なんだ、もう2人とも、黙ってやっているじゃないか。

大介　よし、どうだ。題して「グランド・キャニオン」。

先生　面白いグラフだね。

久美　どんな式なの？

大介　これはね、
$$y = 1.2\sin x - 0.4\cos x + 0.3\sin 2x + 0.5\cos 2x - 0.4\sin 5x$$
だよ。でたらめにやってたら偶然できたんだ。

久美　じゃ私のも見てくれる？　どう、すごくない？

大介　どこかの仏教寺院のシルエットみたいだね。

久美　この式は、

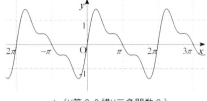

⇨《¥第０８講¥三角関数２》

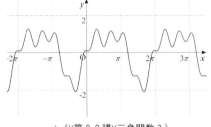

⇨《¥第０８講¥三角関数３》

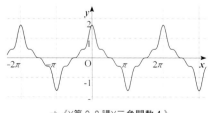

⇨《¥第０８講¥三角関数４》

$$y = \cos x + \frac{1}{3}\cos 3x + \frac{1}{5}\cos 5x + \frac{1}{7}\cos 7x$$

よ。

先生 君たち、なかなかすごいじゃないか。「数学」というより、「お絵かき」の時間みたいだな。

大介 これ面白いよ。いろんな形ができそうだ。

先生 世の中にはいろんな波があるだろう？ 波というのはいろんな形があるけど、同じ形の繰り返しだから、それを調べるには三角関数がぴったりなんだ。

では、少し時間をとるから面白そうな形、じゃなかった、グラフを見つけてみようか。

久美 小学校のころの勉強みたいね。

あったなぁ。校庭に咲いている花を全部見つけましょう、みたいなやつ。僕、ああいうの、好きだったなぁ。

先生 読者のみんなも、いろいろ見つけてください。

久美 先生も何かきれいなグラフ見つけてみてよ。

先生 ええっ。じゃ、$y = \sin 7x + \sin 8x$ でどうだ。

久美 簡単な式なのに、面白いグラフになるのね。

§練習1 三角関数を使って、面白いグラフを探してみよう。

⇨《¥第０８講¥三角関数５》

大介 なんか、数学らしくないね。

先生 たまには、こういう練習もあったっていいだろう？

久美 はい、こういう練習はいいですね。いろいろ探さなくちゃねぇー。

三角関数は周期的な運動を扱うには欠かせない重要な関数です。ここでは、三角関数の極限と微分を扱います。

三角関数の極限

先生 sinやcosの導関数を求めてみよう。ただ、いきなり求めるのは大変だから、少しずつやることにするよ。

大介 お願いします。

先生 導関数というのはグラフでは接線の傾きを表していただろう。そこで、まず、$x=0$のときの接線の傾きを求めてみよう。

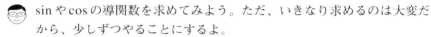

大介 $y=\cos x$なら簡単だね。$x=0$のときの接線は水平だから、傾きは0だよ。

先生 そうだな。グラフがy軸対称だから、$x=0$のときの傾きは0になる。それじゃ、$y=\sin x$のほうはどうかな。グラフの原点付近を拡大してごらん。

大介 これでいいのかな。

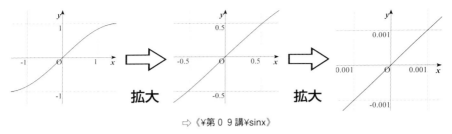

⇨《¥第０９講¥sinx》

先生 グラフを見たら、傾きがわかるだろう？
大介 1になるみたいだけど……。
先生 そうなんだ。$x=0$のときの傾きは1なんだ。
久美 傾きがぴったり1だなんて、ちょっと驚きですね。

 ぴったり1だかどうか。怪しいんじゃない。先生、本当なんですか。

 ほんとに不思議だけど、ちょうど1なんだ。実は、これは角を弧度法で表していることと関係があるんだけど、それについてはあとで話すことにするよ。

久美 あとの楽しみですね。
先生 そういうこと。

で、まずは、今、求めた結果を式に表しておこう。最初に、$y=\sin x$のグラフについて、$x=0$のときの傾きを考えよう。直線OPの傾きをhで表すとどうなるかな。

大介 簡単だよ。

$$(\text{OPの傾き}) = \frac{\sin h}{h}$$

です。

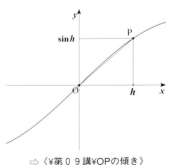

⇨《¥第０９講¥OPの傾き》

先生 そうだね。そして、前ページの図で点Pがグラフ上を原点に近づくとき、OPの傾きが1に近づくということだから、

$$h \to 0 \text{ のとき、} \frac{\sin h}{h} \to 1$$

だね。これをlimを使って表すとどう書けるかな。

久美 limを使うだけでしょ。

$$\lim_{h \to 0} \frac{\sin h}{h} = 1 \quad \text{────────── ①}$$

です。

先生 じゃ、同じようにして、$y = \cos x$ の場合を考えてみようか。このときも右の図の直線APの傾きをhを用いて表すと

$$(\text{APの傾き}) = \frac{\cos h - \cos 0}{h - 0} = \frac{\cos h - 1}{h}$$

だから、さっきと同じで、

$$\lim_{h \to 0} \frac{\cos h - 1}{h} = 0 \quad \text{────────── ②}$$

となる。

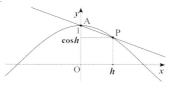

GRAPESで描くとこんな風になる。

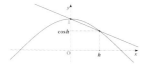 

⇨《¥第０９講¥cosの接線》

大介 あれあれ。$h=0$ にしたら、直線が消えちゃったよ。

先生 $h \to 0$ というのは、h を 0 に限りなく近づけるということだから、0 にするのとは違うんだ。強いて言えば、h が 0 でないときの様子を観察して、h が 0 になったときにどうなるかを考えた値が極限値なんだ。

大介 じゃ、今までの行動を見て、明日の行動を予想するようなものだね。

先生 なかなかうまいこと言うなあ。

三角関数の導関数

 それじゃ、準備も整ったことだし、三角関数の導関数を求めてみよう。そのために導関数の定義を使うんだ。どうだ、ちゃんと覚えているか。

 さすがに、もう覚えました。

$$f'(x) = \lim_{h \to 0} \frac{f(x+h) - f(x)}{h}$$

ですね。

先生 そうだ、これに $f(x) = \sin x$ をあてはめると、

$$f'(x) = \lim_{h \to 0} \frac{\sin(x+h) - \sin x}{h}$$

になるだろ。ここで、96ページの加法定理を使うと、

$$\sin(x+h) = \sin x \cos h + \cos x \sin h$$

になるね。上の式に代入して、

第9講 三角関数の極限と微分

$$f'(x) = \lim_{h \to 0} \frac{\sin x \cos h + \cos x \sin h - \sin x}{h}$$

$$= \lim_{h \to 0} \frac{\sin x(\cos h - 1) + \cos x \sin h}{h}$$

$$= \lim_{h \to 0} \frac{\sin x(\cos h - 1)}{h} + \lim_{h \to 0} \frac{\cos x \sin h}{h}$$

$$= \sin x \times \lim_{h \to 0} \frac{\cos h - 1}{h} + \cos x \times \lim_{h \to 0} \frac{\sin h}{h}$$

最後の行なんですけど、$\sin x$ や $\cos x$ を $\lim_{h \to 0}$ の外に出してもいいんですか？

先生 $\lim_{h \to 0}$ は、h を 0 に近づけるということだから、$\sin x$ や $\cos x$ の値とは関係ないだろう？　だから、$\sin x$ や $\cos x$ を $\lim_{h \to 0}$ の外に出してもかまわないんだ。

　それで、さっき求めたように、

$$\lim_{h \to 0} \frac{\cos h - 1}{h} = 0 \quad , \quad \lim_{h \to 0} \frac{\sin h}{h} = 1$$

だから、

$$f'(x) = \sin x \times 0 + \cos x \times 1 = \cos x$$

つまり、

$$(\sin x)' = \cos x$$

が成り立つ。

久美 もっとややこしくなるのかと思ってたけど、意外に簡単なんですね。

大介 $(\sin x)' = \cos x$ なんだから、$(\cos x)' = \sin x$ なのかな？

おっ。いい勘してるな。でも少し違う。

104　第9講　三角関数の極限と微分

$$(\cos x)' = -\sin x$$

になるんだ。sin のときと同じようにして証明してごらん。

大介 ええっ、いきなりですか。

久美 何かヒントください。

先生 そうだな、微分の定義

$$f'(x) = \lim_{h \to 0} \frac{f(x+h) - f(x)}{h}$$

に、$f(x) = \cos x$ をあてはめればいいんだ。

大介 えっ、それだけ。

先生 それだけです。でもやってごらん、できるから。読者の皆さんもやってみてくださいね。

§練習1　$(\cos x)' = -\sin x$ を証明してください。

先生 ついでに、tan の導関数も求めておこう。

$$\tan x = \frac{\sin x}{\cos x}$$

だから、商の導関数の公式を使って微分するんだ。覚えているかな？

あったのは覚えているけど、ほとんど使ったことがないから公式は覚えていません。

今はまだ、公式は覚えてなくてもいいよ。使っているうちに覚えるさ。ノートを見ればいい。

あれ〜っ。先生は女子には優しいんだ。僕だったら、「まったく。大介は不勉強なんだから。覚えてなきゃダメじゃないか」とかなんとか言っ

第9講　三角関数の極限と微分　105

て叱るくせに。

 …………。

久美 ありました。

$$\left(\frac{f}{g}\right)' = \frac{f'g - fg'}{g^2}$$

です。

先生 これにあてはめるとできるよ。やってごらん。

久美 はい。

$$(\tan x)' = \left(\frac{\sin x}{\cos x}\right)'$$

$$= \frac{(\sin x)' \cos x - \sin x (\cos x)'}{\cos^2 x}$$

$$= \frac{\cos x \cos x - \sin x (-\sin x)}{\cos^2 x}$$

$$= \frac{\cos^2 x + \sin^2 x}{\cos^2 x}$$

$$= \frac{1}{\cos^2 x}$$

これでいいですか。

先生 もちろんそれでいいよ。つまり、

$$(\tan x)' = \frac{1}{\cos^2 x}$$

だ。

大介 これも意外にきれいな式になるんだね。

久美 大介君にも美意識はあるんだ。

大介 …………。

§ 練習 2　$\dfrac{1}{\tan x}$ の導関数を求めてください。

三角関数の極限（おまけ）

2 人とも少し怪しいと言っていた「傾きがぴったり 1」についてだけど。

大介 よく話を聞かなくちゃね。

久美 そうね。「疑い深いことも大切なこと」って先生も言ってたものね。

先生 確かに言いました。それではさっきの

$$\lim_{h \to 0} \frac{\sin h}{h} = 1$$

という極限について、きっちり説明をするからね。

大介 弧度法と関係があるんだったよね。

先生 そうなんだ。弧度法っていうのは角の大きさを弧の長さで表す方法だったろう？　これを使うと、この極限の性質をうまく説明できるんだ。説明の前に、上の式の、文字を書き換えて、

$$\lim_{\theta \to 0} \frac{\sin \theta}{\theta} = 1$$

としておこう。

大介 何か意味があるの？

先生 いや、特にない。h よりも θ の方が角度っぽいだろう。それだけだよ。

第 9 講　三角関数の極限と微分　107

で、弧度法のことだけど。例えば右の図で

$\angle POQ = \theta$ （ラジアン）

とすれば、θ は弧PQの長さに等しいだろう？

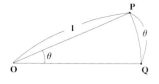

 ええっ、角度が長さになるんだっけ。

 あれっ、大介君はラジアンに開眼したんじゃなかったっけ。確か、前回、図を描いて説明してくれたはずよ。

大介 ああっ……？ そうそう、そうだった。半径1の扇形の弧の長さが、扇形の中心角を表すんだ。だから、当然$\angle POQ = \theta$ ということは、弧PQ $= \theta$ なんだ。はい、確かに、そうでした。

先生 だいじょうぶかぁ。

大介 はい、よくわかっています。

 ということで、つまり、θ を長さとして扱えるんだ。もちろん、$\sin\theta$ は右図のように垂線PHの長さを表しているから、θ と $\sin\theta$ は、ひとつの扇形についての2つの長さ、つまり弧PQと垂線PHの長さとして比べることができる。

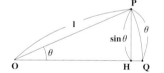

久美 ちょっと待ってください。えーっと。

$$\text{弧PQ} = \theta, \quad \text{垂線PH} = \sin\theta$$

ですね。

先生 そうだよ。この関係を使うと、

$$\frac{\sin\theta}{\theta} = \frac{\text{垂線PH}}{\text{弧PQ}}$$

だろう。

108　第9講　三角関数の極限と微分

大介 つまり、垂線と弧の長さの比が、$\sin\theta$ と θ の比ということですね。

先生 そして、ここで θ を限りなく 0 に近づけていくと、

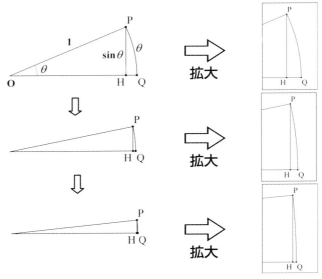

⇨ 《￥第０９講￥sinx／x》

垂線 PH と弧 PQ はどんどん接近していくだろ。

久美 そうですね。だって、HQ の長さもどんどん 0 になっていくものね。そうなったら、もう弧だか垂線だかわからなくなっちゃうわ。

先生 そうそう、そういう感じだよ。だから、

$$\theta \to 0 \text{ のとき、} \frac{\text{垂線 PH}}{\text{弧 PQ}} = \frac{\sin\theta}{\theta} \to 1$$

が成り立つ。

第 9 講 三角関数の極限と微分

つまり

$$\lim_{\theta \to 0} \frac{\sin \theta}{\theta} = 1$$

となるわけなんだ。

三角関数が微分できるのは、弧度法のおかげなんですね。

三角関数の微分を度数法で扱うと、とても面倒なことになるんだ。

ふーん、面倒なの。弧度法はすばらしいアイデアなんだ。弧度法大好き。弧度法に賛成（笑）。

指数関数は自然現象を扱うには不可欠な関数です。ここでは指数関数について簡単に説明します。

指数の拡張

 今回は、指数関数の話だ。a を正の数とするとき、

$a^1 = a$
$a^2 = a \cdot a = a^1 \cdot a$
$a^3 = a \cdot a \cdot a = a^2 \cdot a$
…

というのは知っているな。このとき、a を底、2乗とか3乗の部分を指数というんだが、指数というのは、底を何回かけるかを表しているから、正の整数しかない。しかし、負の指数や分数指数を考えると都合のよいことも多くあるんだ。

a^{-2} だったら、a を -2 回かけることになるけど、そんなことできないよ。

先生 ところがうまく説明する方法があるんだ。

まず、次のようなバクテリアがいるとしよう。
1．今、B 個がいる。
2．1時間経つと個数が2倍に増える。

大介 なんで B 個なの。

 きっとバクテリアのイニシャルでしょ。そんなことより、1時間で2倍

に増えるバイキンなんて、いやっ!! すぐに消毒してほしいわ。

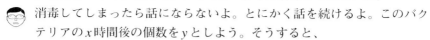消毒してしまったら話にならないよ。とにかく話を続けるよ。このバクテリアのx時間後の個数をyとしよう。そうすると、

$\quad$ 1時間後には、$B \times 2$個
$\quad$ 2時間後には、$B \times 2^2$個
$\quad$ 3時間後には、$B \times 2^3$個

だから、

$\quad y = B \times 2^x$

だね。

今
B=4 　　　1時間後　　　　2時間後　　　　　　3時間後

ところで、「今」というのは$x=0$だと言える。このとき$y=B$だから、

$\quad B = B \times 2^0$

つまり、$2^0 = 1$だと考えるとつじつまが合う。それで、

$\quad 2^0 = 1$

と定めるんだ。
　それじゃ、$x = -1$だったら、どう考えたらいいかな？

久美 1時間前ですか。

先生 そうだ。このとき y の値はどうなるかな？

久美 1時間で2倍に増えるから、1時間前だったら半分ってことでしょう。$y = B \times \dfrac{1}{2}$ です。

先生 その通り。1時間前を考えると、$x = -1$ だから、

$$B \times \frac{1}{2} = B \times 2^{-1}$$

つまり、$2^{-1} = \dfrac{1}{2}$ と定めるとよいことがわかる。

§練習1　2^{-2} はどう定めたらいいか考えてみましょう。

久美 練習をやって気がついたんだけど、表にするとこうなりますね。

n	$\cdots$	-2	-1	0	1	2	3	$\cdots$
2^n	$\cdots$	$\dfrac{1}{4}$	$\dfrac{1}{2}$	1	2	4	8	$\cdots$

大介 つまり、n が1増えれば2倍だから、1減れば半分なんだ。

先生 だから一般に、a を正数とするとき、

$$a^0 = 1 \ , \ a^{-n} = \frac{1}{a^n}$$

と定められている。

大介 うまく考えられているんだね。

先生 正の整数でしか考えられなかった指数を、無理することなく0や負の整

第10講　指数関数　113

数にまで拡張しているだろう？ こういうのを数学では、「自然な拡張」って言うんだ。

久美 自然って、変な言い方よね。「大自然」とか「自然農園」とか関係あるの？

先生 「大自然」とは関係ないよ。「無理なく」っていう意味かな。

大介 「無理しないで拡張した」っていうこと？

先生 そうそう。そういう意味。

久美 でも私には少し「無理」って感じよ。

先生 そうかなあ（笑）。

先生のちょっと一言

指数を用いた計算には次の法則が成り立ちます。

1. $a^m a^n = a^{m+n}$
2. $(a^m)^n = a^{mn}$
3. $(ab)^n = a^n b^n$

これを指数法則といいます。

指数関数のグラフ

それじゃ、次は $y = 2^x$ のグラフを描いてみよう。

x	-2	-1	0	1	2	3
2^x	$\frac{1}{4}$	$\frac{1}{2}$	1	2	4	8

x-y の対応は、久美が書いた表と同じだからこうなるよね。これらの

点をなめらかに結んで、グラフはこんな感じになる。

ちょっと待ってください。先生はなめらかに結ぶって言ったけど、x が整数じゃないときの 2^x ってどうやって求めるんですか？

見逃してくれると速く進むんだが、やっぱりダメか。

久美 そんなことしたら、あとでわからなくなります。

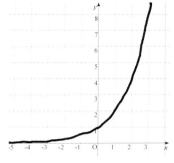

先生 そうだな。それじゃ、$2^{\frac{1}{2}}$ について考えてみよう。

$2^{\frac{1}{2}}$ は 2 を $\frac{1}{2}$ 回かけたものだということになる。もちろん、これでは意味が通らない。

でも、$\frac{1}{2}$ 回かけることを 2 回繰り返すと $\frac{1}{2} \times 2 = 1$ だから 1 回かけることになるだろう。これを式で書くとこうなる。

$$\left(2^{\frac{1}{2}}\right)^2 = 2^{\frac{1}{2} \times 2} = 2^1 = 2$$

ところで、

$$\left(\sqrt{2}\right)^2 = 2$$

だろう。だから、$2^{\frac{1}{2}} = \sqrt{2}$ と決められているんだ。

大介 なるほど。うまく考えてあるんだ。

第10講 指数関数 115

先生 そう思うだろう。それで、分数の指数については、

$$a^{\frac{m}{n}} = \sqrt[n]{a^m}$$

というように決められているんだ。

久美 でも、それだったら、値を求めるのが大変じゃないですか？

先生 どんな風にかな。

久美 例えば、$2^{\frac{7}{5}}$ だったら、

$$2^{\frac{7}{5}} = \sqrt[5]{2^7} = \sqrt[5]{128}$$

でしょう。これって、どうやって求めるんですか？

先生 筆算で求めるのは無理だから、関数電卓やコンピュータを使うといいよ。GRAPESだったらグラフもすぐに描けるし、ぴったりだね。

大介 じゃ、描いてみるよ。でも、$y=a^x$ ってどうやって入力するのかな？

$y=a^x$ のグラフを描くには、陽関数のところで、$\boxed{a}\;\boxed{x^y}\;\boxed{x}$ ってボタンをクリックするんだ。

大介 できたよ。$y=a^x$ のグラフで、今は $a=2$ の場合だけどね。

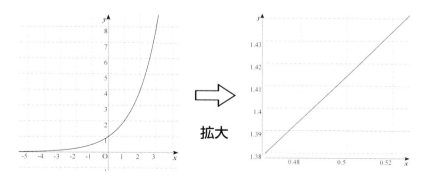

久美 $x=0.5$ の部分のグラフを拡大してみたら、確かに $\sqrt{2}$ らしい値になってるわ。
大介 確かにそうだね。

§練習2　$2^{\frac{3}{2}}$ はどのような値になるでしょうか？　予想した答えが正しいかどうか、グラフで確かめてみてください。
　⇨《¥第１０講¥第１０講練習２》

それじゃ、指数関数 $y=a^x$ のグラフについて、底 a の値をいろいろ変えるとどうなるか調べてみようか。

大介 $a=2, 3, 4$ の場合を描いてみたよ。
久美 私は、$a=0.8, 0.6, 0.4, 0.2$ の場合について描いてみたわ。
先生 a が1より小さいときのグラフは、1より大きいときのグラフを裏返しにした感じになっているね。
久美 ほんとだわ。
大介 ところで、先生。$a=2$ でもそうだけど、指数関数のグラフって、x の値がちょっと大きくなるだけでグラフが画面の上からはみ出しちゃうね。$a=4$ だと、もっとそうだけど……。

そうなんだ。指数関数は増加の速度がものすごく大きいんだ。例えば、$y=2^x$ のグラフで、軸の１目盛を1cmとすると、$x=6$ のときには $2^6=64$ だから、64cmも高さのグラフ用紙がいることになる。

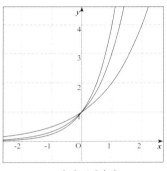

$a=2, 3, 4$ のとき
⇨《¥第１０講¥指数関数》

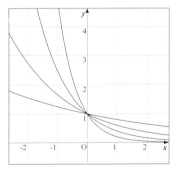

$a=0.8, 0.6, 0.4, 0.2$ のとき

第10講　指数関数　117

それじゃ、$x=10$ や $x=20$ のときにはどれくらいの高さのグラフ用紙がいるか調べてごらん。

大介 2^{10} は……っと。関数電卓で計算すると、1024。ということは10m 24cmだ。こんなグラフ用紙はないね。

久美 2^{20} は1048576だから……10485m76cm……でしょ。だから、ええっ、10kmと485m76cmにもなるわ。

先生 そうだろ、$x=20$ だと10km以上にもなる。すごい増加率だ。$x=21$ なら20km以上にもなるんだ。

大介 20kmって、もう空気ないじゃん。

久美 何よ、それ。空気ないって。

大介 だって、エベレストが9kmくらいだろ。

久美 ええ、そうだっけ。たった21cm横に行っただけでそんなに上に行くの？

先生 そうそう。そういう風にとてつもなく速く大きくなるっていうことだよ。

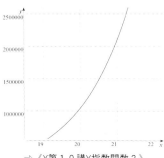
⇨《¥第１０講¥指数関数２》

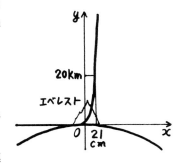

先生のちょっと一言

　高度20kmというのはもう成層圏になります。そこは、地上の20分の1ほどですが空気はあります。
　でも、とても人が呼吸できるような空気はありません。
　関連問題がこの講の終わりにあります。

指数関数の例

 次に指数関数の例をいくつかあげてみよう。
まずは、借金の話だ。100万円の借金があって、1年の利率を15%としよう。

> 2003年5月時点で、主な都市銀行の1年定期の金利は、およそ0.03%。

 そんなに高い利率ってあるんですか？

先生 それがあるんだ。消費者金融やノンバンクなどで、個人向けに簡単に貸してくれるお金の場合、これくらいの利率が普通なんだ。お金を預けるときは0.05%にもならないのに、まったく許せないな。

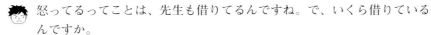 怒ってるってことは、先生も借りてるんですね。で、いくら借りているんですか。

 そんなこと気にしなくていい！　それでだ、利率15%で100万円の借金があるんだ。これをまったく返済せずに放っておいたときに、数年後には元利合計がどうなるかを調べてみよう。

　　　1年後には、100×1.15 万円
　　　2年後には、$100 \times 1.15 \times 1.15 = 100 \times 1.15^2$ 万円
　　　3年後には、$100 \times 1.15^2 \times 1.15 = 100 \times 1.15^3$ 万円

だから、x 年後には、100×1.15^x 万円になる。つまり、最初の 1.15^x 倍になるんだ。そこで、

$$y = 1.15^x$$

とおくと、これは指数関数になっている。
　ところで、このまま10年間返済せずにおくと借金はいくらになると思う？

大介 1年で15%だから、10年間だと利子は元金の
　　　$0.15 \times 10 = 1.5$ 倍
だから、全部で元のお金の2.5倍です。

第10講　指数関数　119

先生 そうかな？ GRAPESでグラフを描いて確かめてごらん。

大介 あれれ！ 4倍になってる。

先生 利率が15%だということは、1年後には元金と利子の合計が、100×1.15=115万円になって、それに対して2年めの利子がかかってくるから、2年後の元利合計は、115×1.15=132.25万円になる。つまり、利子が利子を生む計算になるんだ。

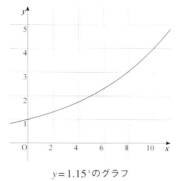

$y=1.15^x$ のグラフ

大介 すごいんだ。借金が4倍になる前に、先生も早く返そうね。

先生 気にしなくていいと、言っているだろ。

久美 借金って怖いのね。だから自己破産とかがニュースになるんだ。

 まあ、それは利子だけの問題じゃないけどね。生活が乱れているとか、ギャンブルに手を染めたとか……。

大介 （小声で）あんな顔しているのに意外だよね。

久美 （小声で）マジ、真剣な話みたいね。

大介 （小声で）きっと厳しい状態なんだ……。

 さて、もうひとつ指数関数の例をあげておこう。

　原子炉の中でできる物質には、強い放射能を持ったものが多くあるが、放射能の強さは時間とともにだんだん弱くなっていく。しかし、すぐに弱くなるものもあれば、なかなか弱くならないものもあるんだ。そこで、弱くなっていく速度を表すために、半減期という値を使う。これは、最初の強さの半分になるまでの時間のことだ。

　例えばセシウム137という物質の半減期は約30年だから、30年経つと放射能の強さは半分になる。

    それだったら、60年経ったら放射能はなくなるんだから、半減期が30年なんて言わずに、全減期が60年だって言えばいいのに。

先生 それが違うんだ。最初の30年で半分になるけど、次の30年では、そのまた半分になる。つまり、4分の1になるんだ。さらに次の30年でそのさらに半分になる……だから、半減期というのを使うんだ。

　さて、最初の放射能の強さを1として、x年後の放射能の強さをyとすると、

$\dfrac{x}{30}$	0	1	2	3
y	1	$\dfrac{1}{2}$	$\left(\dfrac{1}{2}\right)^2$	$\left(\dfrac{1}{2}\right)^3$

だから、

$$y = \left(\frac{1}{2}\right)^{\frac{x}{30}} = \left(2^{-1}\right)^{\frac{x}{30}} = 2^{-\frac{x}{30}}$$

になる。これをグラフにしたのが右図だ。

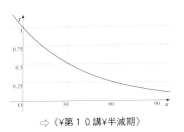

⇨《¥第１０講¥半減期》

    100年近く経っても元の0.2倍ということは、まだ、$\dfrac{1}{5}$は残っているんだ。

先生 そうそう、炭素14は半減期が5730年なんだ。これは、木が切り倒されてから何年経つかを調べるために使われたりするんだ。

久美 知ってるわ、放射性同位元素による年代測定って言うんでしょ。

大介 へぇー、久美は物知りなんだ。

先生 では、そろそろ練習といきましょう。

§練習3　大気圧は、高度が15km上昇するごとに $\dfrac{1}{10}$ になることが知られています。

　地上での大気圧を1000hPa（ヘクトパスカル）、高度 x km での大気圧を y hPa とするとき、y を x の式で表してください。また、グラフを描いてみましょう。

　⇨《¥第１０講¥第１０講練習３》

第11講 指数関数の導関数

"e" という定数の導入によって、指数関数や対数関数は極めて簡単に微分できるようになります。

指数関数の導関数

先生　今回は、指数関数の導関数を求めてみよう。ここでも、三角関数のときと同じように、導関数の定義に戻って求めるんだ。導関数の定義を覚えているかな？

大介　また使うなんて思ってなかったから、覚えてないよ。

先生　あれっ、この前はきちんと覚えていたぞ。

大介　ええっ。僕がちゃんと覚えていたんですか？　だけど、今日はちょっと……。うーん、今日「定義」は留守のようですね。はい。

先生　なんだって、留守??　もういいよ、忘れたということか。久美はどうだい。

久美　え〜っと、

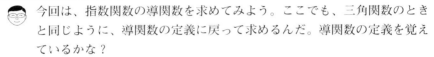

$$f'(x) = \lim_{h \to 0} \frac{ごちゃごちゃ}{h}$$

と、こんな風じゃなかった？

大介　すごいじゃん。

久美　すごくない。でもまあそんな形はしていたよね。もう一度、導関数の定義を書くと、

$$f'(x) = \lim_{h \to 0} \frac{f(x+h) - f(x)}{h}$$

だ。2人ともこの前はちゃんと言えたんだぞ。少し使わないと忘れちゃうんだから、もういいかげんに覚えておいてくれよ。

大介、久美 はいっ。

先生 これに $f(x) = a^x$ を代入してみよう。

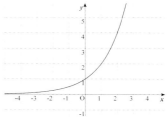

⇨《¥第１１講¥a^x》

$$f'(x) = \lim_{h \to 0} \frac{a^{x+h} - a^x}{h}$$
$$= \lim_{h \to 0} \frac{a^x a^h - a^x}{h}$$
$$= \lim_{h \to 0} \frac{a^x(a^h - 1)}{h}$$
$$= a^x \times \lim_{h \to 0} \frac{a^h - 1}{h}$$

ところで、この式に $x=0$ を代入すると、

$$f'(0) = a^0 \times \lim_{h \to 0} \frac{a^h - 1}{h}$$
$$= \lim_{h \to 0} \frac{a^h - 1}{h}$$

だろう、これを上の式に代入して、

$$f'(x) = a^x f'(0)$$

が得られる。

大介 なあんだ。もっと大変なのかと思ったけど、意外に簡単じゃないか。

久美 でも先生。これで終わったんですか。$f'(0)$ の値がわからないけど、これはどうやって求めるんですか？

先生 うん。そこなんだ。問題は。

自然対数の底 e

 実は、一般の場合について $f'(0)$ を求めるのは意外に面倒なんだ。

 じゃ、どうするんですか。

先生 そこなんだけど、発想を切り替えて、$f'(0)=1$ になるような a の値を考えてみるんだ。

大介 どういうことですか。

 そうだね……

$$f(x)=a^x のとき、f'(x)=a^x f'(0)$$

だったから、

$$(a^x)'=a^x f'(0)$$

が成り立つだろう。ここで

$$もし、f'(0)=1ならば、(a^x)'=a^x$$

だから、微分がすごく簡単になると思わないか。

久美 $(a^x)'=a^x$ って、微分する前と微分した後が同じってことですよね。

先生 そうだよ。

 でも、$f'(0)=1$ になるんですか？

先生 だから、$f'(0)=1$ になるような a の値を見つけるんだ。

大介 つまり、

$$\lim_{h \to 0}\frac{a^h - 1}{h} = 1$$

になるような a の値を見つけるってことですか。

先生 まったくその通りだ。

久美 でも、こんな極限の計算、どうやってすればいいの。

大介 そんなの簡単だよ。

$y = \dfrac{a^x - 1}{x}$ のグラフを描いて、x が 0 に近づいたときどんな値になるか調べたらいいんだ。GRAPESでグラフを描いてみるよ。

久美 これが、$y = \dfrac{a^x - 1}{x}$ なのね。今、$x \to 0$ のときの極限を調べるんだから、このグラフの y 切片を見たらいいのよね。

先生 そうそう、その調子だ。

それを使って、x が 0 に近づいたとき、y が 1 に近づくような a の値を探すんだ。拡大しながら探すといいよ。

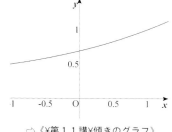

⇨《¥第１１講¥傾きのグラフ》

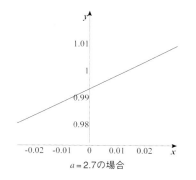

$a = 2.7$ の場合

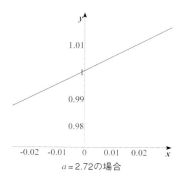

$a = 2.72$ の場合

大介 2.72くらいかな。もっともっといくらでも正確に求めていけるよ。

先生 そうだね。どんどんやってみるといいよ。読者の皆さんもやってみましょうね。

先生 ところで、この数は無理数だということが知られているんだ。ただの無理数だったら名前なんか付けないんだけど、これは非常に重要な数なので、名前は「自然対数の底」と言って、"e"と表すのさ。

大介 「自然対数の底」ですか。「○○の△△」なんて正式な名前ですか。

先生 そりゃ、正式な名前だよ。

大介 なんだか、名前らしくないなあ。

久美 ところで、"e"はなんて読むんですか？

先生 読み方は"イー"でいーんだ。

大介 はいはい。

久美 大介君、笑ってあげなきゃ。

大介 ほんとにすごいシャレだよね。

先生 う～ん。それではイーかな。

久美 もういいってば。

先生 はいはい。もうやめるよ。それでだ、$a=e$のとき、$f'(0)=1$だから、

$$(e^x)' = e^x$$

が成り立つ。これが指数関数の導関数だ。

久美 微分しても同じ関数だなんて、すごく不思議ね。

大介 これなら、もう計算しなくていいし、テストは満点だ。ほかの公式も全部こうだといいのにね。

先生 そりゃそうだ（笑）。

指数関数の微分

 指数関数を微分する練習をしておこう。
　　最初の例は、「$y=e^{2x}$ の微分」だ。これを求めるには、さっき求めた指数関数の微分公式、

$$(e^x)'=e^x$$

と、合成関数のときに出てきた公式、

$$\{f(ax+b)\}'=af'(ax+b)$$

を使うとうまくいくんだ。

 そういえば、そんな公式があったかな……。

先生 $(e^x)'=e^x$ だから、$f(x)=e^x$ とすれば $f'(x)=e^x$ だろう。これを、

$$\{f(ax+b)\}'=af'(ax+b)$$

にあてはめると、

$$(e^{ax+b})'=ae^{ax+b}$$

になる。そこで、$ax+b=2x$ とすれば、$a=2$ だから、

$$(e^{2x})'=2e^{2x}$$

だ。それじゃ、$y=e^{-2x+1}$ を微分してごらん。

大介 そうだね……ほとんど同じだから、$ax+b=-2x+1$ とすれば、

$$(e^{-2x+1})'=-2e^{-2x+1}$$

　　これでいいのかな？

先生 もちろん、それでいいよ。じゃ、別の例を調べてみようか。

2つめの例は「$y=e^{-x^2}$の微分」だ。これは、久美にやってもらうからね。

久美 はい、わかりました。でも先生、ヒントは？

先生 ヒントか。えっと、合成関数の微分法を使うといいよ。まず、$u=-x^2$ とおくと、$y=e^u$ となるだろ。そこで、$\dfrac{dy}{du}$ と $\dfrac{du}{dx}$ を求めてみよう。

久美
$$\frac{dy}{du} = \frac{d}{du}e^u = e^u$$

となります。そして、

$$\frac{du}{dx} = \frac{d}{dx}\left(-x^2\right) = -2x$$

ですね。

> **先生のちょっと一言**
> $f(x)$ を x で微分することを $\dfrac{d\,f(x)}{dx}$ と表しますが、これを $\dfrac{d}{dx}f(x)$ と表すこともあります。

先生 そうだね。次に、

$$\frac{dy}{dx} = \frac{dy}{du}\frac{du}{dx}$$

に代入してごらん。

久美
$$\frac{dy}{dx} = \frac{dy}{du}\frac{du}{dx} = e^u \times (-2x) = -2xe^{-x^2}$$

となります。

先生 よし、いいねえ。じゃ次の練習をやってみようか。

§練習1　次の関数を微分してください。

(1) $y = e^{3x}$　　(2) $y = e^{-\frac{x^2}{2}}$

先生 これで今日の講義はおしまい。

久美 先生！　$y = 2^x$ みたいに底が e でないときは、どうやって微分するんですか？

先生 それはね。ちょっと難しいから、今はないしょ。

大介 ずーっとないしょでも、全然オッケー。

久美 でも知らないと、きっと困るわよ。

先生 そうだね。じゃ「そのときを楽しみに！」（笑）。

先生のちょっと一言

　自然対数の底の事を e と書くようになったのは、オイラー（1707-1783）が手紙の中に e を使ったのが始まりで、それ以来この記号 e を使うようになったんだ。ちなみに、e はオイラー（Euler）の頭文字。

　ところで、π はジョーンズが1706年に最初に使ったけれど、一般的になったのは、やはり、オイラーが使い始めたからなんだよ。

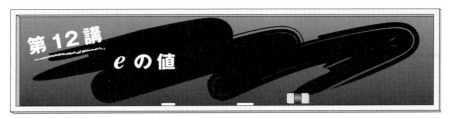

"e" は不思議な数です。ここではGRAPESを使って "e" の値に迫ります。

e と極限

 e というのは、$\lim_{h \to 0} \dfrac{a^h - 1}{h} = 1$ を満たすような a の値だったから、

$$\lim_{h \to 0} \dfrac{e^h - 1}{h} = 1$$

が成り立つ。このことから、指数関数のグラフを描いて e の値を調べたけど、これじゃ手間がかかりすぎる。でも、上の式をちょっと工夫してみると e を求める式を作ることができるんだ。$e^h - 1 = x$ とおくと、途中の計算は省くけど（興味のある方は "マイコンピュータ" からCD-ROMを開いて「¥文書_付録¥付録 2 e の補足」をご覧ください）、

$$e = \lim_{x \to 0}(1 + x)^{\frac{1}{x}}$$

が成り立つんだ。

久美 不思議な式ですね。

先生 確かにそうだけど、グラフを描いて調べてごらん。

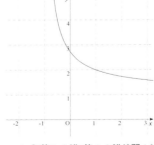

⇨《¥第１２講¥第１２講練習１》

久美 $y = (1+x)^{\frac{1}{x}}$ のグラフを描いて、x を 0 に近づけたときの y の値を読めばいいのよね。

大介 これで、どんどん拡大していけば求まるかな。

先生 あっ、そこでストップ！　あとは、読者の皆さんにやってもらうことにしよう。

§練習1　e の値を前ページのグラフを使って調べてみてください。
　計算精度の問題で、拡大しても、小数第8位あたりまで読みとるのが限界です。
⇨《¥第１２講¥第１２講練習１ａ》

先生のちょっと一言

　e の定義としては、
$$e = \lim_{n \to \infty}\left(1 + \frac{1}{n}\right)^n \quad \text{————①}$$
を用いることもあります。先ほどの、
$$e = \lim_{x \to 0}(1+x)^{\frac{1}{x}}$$
は、①式において、$x = \dfrac{1}{n}$ としたものに相当します。

級数展開

 実はね、この方法で正確な e の値を求めるのは難しいんだ。
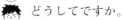 どうしてですか。

先生 例えば、$x = 0.0001$ のとき、$(1+x)^{\frac{1}{x}} = 1.0001^{10000}$ なんていうすごい計算をしなくちゃいけないけど、それでも小数第３位までしか正しい値にならないんだ。

それじゃ、eの値はどうやって求めるの？

先生 関数の級数展開という方法があって、それを使うと、

$$e = 1 + \frac{1}{1!} + \frac{1}{2!} + \frac{1}{3!} + \cdots + \frac{1}{n!} + \cdots$$

が得られるんだ。

久美 無限個の数をどうやって足すんですか。

先生 無限個の数を一度に加えるなんてできないから、ひとつずつ順に加えていって、

$$S_0 = 1$$

$$S_1 = 1 + \frac{1}{1!}$$

$$S_2 = 1 + \frac{1}{1!} + \frac{1}{2!}$$

$$\cdots$$

$$S_n = 1 + \frac{1}{1!} + \frac{1}{2!} + \cdots + \frac{1}{n!}$$

これを級数の部分和って言うんだけど、

$$\lim_{n \to \infty} S_n$$

を求めるんだ。

大介 でも、どこまで足しても、終わらないんじゃないの？　それに、ぴったりと値は求まるんですか。

先生 そうなんだ、eは無理数だから小数で表してもキリがないけどね。でも、途中まで計算するだけでも、十分正確な値が求まるんだ。とくにこの式の場合、nが比較的小さい値でもeに近い値になる。

第12講　eの値　133

こういうのを収束が速いというんだ。ちょっとやってみるとすぐわかるけど、16項めまで計算するだけでも、小数第11位まで正確な値が求まるんだ。

大介 16項めまで計算するだけって、16項も計算するのって大変だよ。

先生 GRAPESで画面上に値が表示されるように工夫しておいたから、簡単にできるよ。君たちも試してごらん。

⇨《¥第１２講¥eを求める》

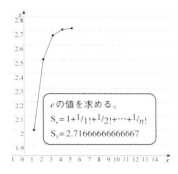

§練習2　eの値を求めてください。パラメータnの値を順にひとつずつ増やせば、eの近似値がS_nに表示されます。（上図は$n=5$の場合）

近似値と誤差

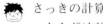 さっきの計算を10項めまで求めてみたら、$S_{10} = 2.71828180114638$になったんだけど、これって小数第何位までが本当の$e$の値と等しいのかな。

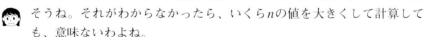 そうね。それがわからなかったら、いくらnの値を大きくして計算しても、意味ないわよね。

いいことに気がついたね。近似値と本当の値との差を誤差というんだが、近似値を計算するときには、どれだけ誤差があるかということがわからないと、意味がないんだよ。

大介 そうか。でも、その誤差はどうやって求めるんですか。

先生 そうだね。それじゃ、大介が求めたS_{10}について、誤差がどれくらいあるかを調べてみよう。

大介 はい。

先生
$$e = 1 + \frac{1}{1!} + \frac{1}{2!} + \frac{1}{3!} + \cdots + \frac{1}{n!} + \cdots$$
$$S_{10} = 1 + \frac{1}{1!} + \frac{1}{2!} + \frac{1}{3!} + \cdots + \frac{1}{10!}$$

で、S_{10} の式の右辺より e のほうが大きいから、差を求めると、

$$0 < e - S_{10} = \frac{1}{11!} + \frac{1}{12!} + \frac{1}{13!} + \cdots \quad \text{―――――①}$$

だろう。

久美 確かに、そうです。

ところで右辺は、

$$\frac{1}{11!} + \frac{1}{12!} + \frac{1}{13!} + \cdots = \frac{1}{10!}\left(\frac{1}{11} + \frac{1}{11\cdot12} + \frac{1}{11\cdot12\cdot13} + \cdots\right)$$
$$< \frac{1}{10!}\left(\frac{1}{2} + \frac{1}{2^2} + \frac{1}{2^3} + \cdots\right)$$

だから、

$$0 < e - S_{10} < \frac{1}{10!}\left(\frac{1}{2} + \frac{1}{2^2} + \frac{1}{2^3} + \cdots\right)$$

ここで、$\frac{1}{2} + \frac{1}{2^2} + \frac{1}{2^3} + \cdots = 1$ だから、

$$0 < e - S_{10} < \frac{1}{10!} \quad \text{―――――②}$$

となるんだ。

大介 じゃ、$\dfrac{1}{10!}$ を計算したらいいんだね。

先生 $\dfrac{1}{10!} = 0.00000028$ （概数計算）だから、e と S_{10} の差は、せいぜいこの程度だということがわかるね。

そこで、②式に、S_{10} を加えると、

$$S_{10} < e < S_{10} + \dfrac{1}{10!}$$

だから、これに $S_{10} = 2.71828180114638$ を代入したら、

$$2.71828180 < e < 2.71828208 \quad \text{（概数計算）}$$

大介 そうすると、2.71828までは正しいということだね。

久美 じゃ、もっともっと正確な値、例えば小数第10位までの正確な値を求めるにはどうしたらいいんですか。

今は、$n = 10$ の場合だったけど、n がどんな自然数のときでも、

$$0 < e - S_n < \dfrac{1}{n!}$$

が成り立つことはすぐにわかるだろう。これを使えば n をどれくらいにすればよいかがわかるよ。

先生のちょっと一言

【$\frac{1}{2} + \frac{1}{4} + \frac{1}{8} + \cdots$ について】

長さ1の線分を考えて、

はじめに、半分$\left(=\frac{1}{2}\right)$を取ると、$\frac{1}{2}$が残る。

次に、残りの半分$\left(=\frac{1}{4}\right)$を取ると、$\frac{1}{4}$が残る。

さらに、残りの半分$\left(=\frac{1}{8}\right)$を取ると、$\frac{1}{8}$が残る。

これを繰り返していくと、$\frac{1}{2} + \frac{1}{4} + \frac{1}{8} + \cdots = 1$となるのです。

ある日曜日

 今日はなんですか。学校が休みなのに、自宅に呼び出して。
 何かおいしいものでもごちそうしてくれるんですか。
 うーん、普段とはまた違う数学的なごちそうを用意してるんだ。

大介 なに、その数学的ごちそうって。
先生 いつも、GRAPESを使って話をしているだろ。今日は、紙と鉛筆だけを使うんだ。
久美 それ、本当にごちそうですか。
先生 まあ、話はこういうことだ。前回の授業のとき、eの値を結構正確に求めてみたよね。
大介 確か小数第5位くらいまでだったですかねぇ。
久美 どこまでも終わらない小数で、円周率πと同じように、eも無理数なんですよね。

そうなんだ、今日2人を呼んだのは、そのことを話したくてね。e が無理数であることをちゃんと説明したくてね。

大介 そんなことで、呼び出したんですか。

先生 そういうこと。

大介 先生が、急に家に来いって言うから、どんなことかと心配しちゃった。

先生 大介は、呼び出されて何か心配なことでもあるのかな。

大介 何もないけどさぁ……。

先生 さて、e について、

$$0 < e - S_n < \frac{1}{n!} \quad \text{———③}$$

は覚えているかな。

久美 はい。

先生 これを使って、e が無理数だということを証明してみよう。

大介 e は、2と3の間の数だったから、整数でないことは明らかなんだけど……。

それは当たり前でしょ。先生、こういうときは、背理法を用いるといいんじゃないですか。

そうだね、いいアイデアだ。採用しよう。つまり、無理数であることを証明する代わりに、有理数だとすると矛盾をきたすことを証明すればいいんだ。e が有理数だとしよう。e が整数でないことは明らかだから、

$$e = \frac{M}{N} \quad (\text{ただし、} M, N \text{は正の整数、} N \neq 1)$$

とおけるよね。

大介 そうか、分母が1でない分数で書けるってことだよね。

先生 そうしておいて、さっきの③式に $n = N$ を代入してみよう。そうしたら、

$$0 < \frac{M}{N} - S_N < \frac{1}{N!}$$

となるよね。確認してごらん。

大介 待ってください、

$$0 < e - S_n < \frac{1}{n!}, \quad e = \frac{M}{N}, \quad n = N$$

だったんだよね。

久美 代入すると、……。確かにそうなります。

先生 そして、辺々に、$N!$をかけるんだ。

久美 えっと、

$$0 < M \times (N-1)! - S_N \times N! < 1$$

となるわ。

先生 で、このとき、当然、$M \times (N-1)!$は整数だよね。

大介 そりゃそうです。

先生 じゃ、$S_N \times N!$はどうなる？

えーっと、
$$S_N \times N! = \left(\frac{1}{1!} + \frac{1}{2!} + \frac{1}{3!} + \cdots + \frac{1}{N!} \right) \times N!$$
$$= \frac{N!}{1!} + \frac{N!}{2!} + \frac{N!}{3!} + \cdots + \frac{N!}{N!}$$

となるから、あれっ、すべての項が整数だ。ということは、$S_N \times N!$は整数だ。

まとめると、$M \times (N-1)! - S_N \times N!$は、整数ということだよね。でも、その整数が、0と1の間にあるっていうことは、どういうことかな。

矛盾です。

そうなんだ。で、以上で証明終わり、となるんだ。

大介 確かに、証明できたけど。どんどん計算していって終わらないってことのほうが、実感湧くんだけどなぁ。

先生 そういう感覚は、とても大切なものだけど。こういう厳密な議論も、また、大切なんだなぁ、数学には。

久美 そうね、証明を一度はちゃんとしなくちゃね。

そうそう、久美はさっき、円周率と同じようにって言っていたけど、円周率が無理数であることの証明は知っているのかな。

久美 えーと、小学校で円周率を習ったけど、証明なんて聞いてないわね。中学でも……、あれ、知らないわ。「無理数である」という事実しか聞いてないんだわ。

先生 円周率が無理数である証明は、一番簡単なものでも、微分と積分を全部勉強したあとでないとちょっとわからないんだよ。

久美 へぇーそうなんですか。

先生 その証明は、付録のCD-ROMに入れてあるから、"マイコンピュータ"からCD-ROMを開いて読んでごらん。⇨《¥文書_資料¥pi》

大介 ふーん、e が無理数である証明のほうが簡単なのか。

先生 うーん、どっちが簡単かということは、読む人の判断だからねぇ。まぁ、どっちも簡単なんだ。

大介 （小声で）これだから数学の先生はねぇ……。

先生 何か言ったか。

大介 いいえ、興味深い話ですね。ほんと、ありがとうございました。

先生、今日はお休みなのに特別に教えていただいて、どうもありがとうございました。

先生 そうだ、忘れてた。おやつにパイを買っておいたんだ。食べていかないか。

大介、久美 こんなパイなら、大好き!!

140　第12講　e の値

　指数関数 $y=a^x$ の x と y の関係を入れ替えた関数が対数関数です。2次方程式と平方根が切り離せないように、指数関数と対数関数も切り離せない密接な関係にあります。

対数の考え方

 指数関数のところで話題にしたバクテリアだけど覚えているかな。
 覚えています。だって、1時間で倍になるんでしょ。気持ち悪い。
先生 そういうことじゃなくって。お話なんだから。いいかな、「1時間経つと個数が2倍に増える」ようなバクテリアがいるとするよ。
久美 わかりました。
先生 このバクテリアは1時間経つごとに2倍に増えるんだが、最初の4倍になるまでに何時間かかるかな。
大介 2時間です。
先生 それじゃ、8倍になるのは？
大介 もちろん4時間です。
先生 それが違うんだ。

第13講　対数関数　141

今　　　　　1時間後　　　　　2時間後　　　　　3時間後

　　2時間で4倍になって、あと2倍すれば8倍になる。だから3時間なんだ。
🧒 そうそう、やったよね、$2^3=8$ だから3時間だ。
先生 そうそう。
大介 あっ、そうか。そして、

$$2^4=16$$

だから、16倍になるのは4時間後だね。
先生 うん。その調子だ。今考えているのは、「1時間で2倍に増えるバクテリアについて、最初の x 倍に増えるのは何時間後か？」だろう。
　　そこでこれを、

$$\log_2 x$$

で表すと、さっき調べたように、

$$\log_2 4=2,\ \log_2 8=3$$

が成り立つ。
　　それじゃ、$\log_2 64$ を求めてごらん。
久美 1時間ごとに2倍になるのだから、

$$2 \times 2 \times 2 \times 2 \times 2 \times 2 = 64$$

でしょう。$\log_2 64 = 6$ です。

先生 うん、そうだ。それじゃ、$\log_2 2$ はいくらになるかわかるかな？

久美 2倍になるまでの時間でしょ。1時間で2倍になるっていうことだから、何も考えなくったっていいんじゃない。元々、1時間て決まっているんだから、

$$\log_2 2 = 1$$

です。

先生 その通り、正解だ。それじゃ、$\log_2 1$ はどうかな？

久美 1倍って……、全然増えなければいいんでしょう。でも、1時間経ったら2倍に増えるし……。

大介 30分かな。

先生 30分でも少しは増えるさ。例えば、30分でt倍になるとすると、もう30分経つとさらにt倍に増えるから、結局1時間でt^2倍になる。

　　でも、1時間で2倍に増えるから$t^2 = 2$。だから$t = \sqrt{2}$。つまり、30分経つと$\sqrt{2}$倍に増える。

大介 奥が深いんだ。

先生 ついでに言うと、$\sqrt{2}$倍に増えるまでが30分、つまり$\dfrac{1}{2}$時間だから、

$$\log_2 \sqrt{2} = \frac{1}{2}$$

になる。

大介 あれっ先生。$\log_2 1$ を考えているんじゃなかった？

そうそう。$\log_2 1$ の話の途中でした。で、話を戻して、$\log_2 1$ の値はいくつかな。

大介 1っていうことは、元々の1倍なんだから、増えていないんだから、……。

第13講　対数関数　143

久美 少しでも時間が経つと、バクテリアは増えてしまうんでしょう。だったら、全然増えないのは0時間後です。

先生 そうなんだ。だから、

$$\log_2 1 = 0$$

久美 先生、対数が少しわかってきたわ。$\log_2 2 = 1$ と $\log_2 1 = 0$ は、大切な式じゃない？

すごいぞ、いい感覚だ。この2つは、とても大切というか、すごく基本的な関係を表している式なんだ。

大介 「大切」と「基本」ってどう違うのさ。

いやー。この式は、大切な基本の式っていうこと（笑）。だから、あとでほかの式と一緒にまとめるからね。

対数

今は、1時間で2倍に増えるバクテリアで考えたけど、1時間で3倍に増えるバクテリアがx倍に増えるまでの時間なら、

$$\log_3 x$$

で表すんだ。例えば、$\log_3 9$ は、9倍になるまでの時間だから、$3^2 = 9$ より、

$$\log_3 9 = 2$$

になる。

久美 ということは、$\log_3 27 = 3$ ですね。だって、$3^3 = 27$ なんだから。

大介 そうかそうか。

同じように、1時間でa倍に増えるバクテリアがx倍に増えるまでの時間を、

$$\log_a x$$

で表すんだ。このとき a を対数の底、x を真数、$\log_a$ のことを底が a の対数っていうんだ。

　じゃ、いくつか練習しようか。まず、$\log_5 125$ の値を求めてみよう。大介やってごらん。

大介 $\log_5 125$ は、1時間に5倍になるバクテリアを考えたらいいから、125倍になるのは、$5 \times 5 \times 5 = 125$ だから、

$$\log_5 125 = 3$$

先生 次に、$\log_3 81$ は、久美だ。

久美 $3^4 = 81$ でしょ、だから、

$$\log_3 81 = 4$$

です。

§練習1　次の対数の値を求めましょう。
(1) $\log_2 128$　　(2) $\log_{10} 10000$

対数の性質

1時間で a 倍に増えるバクテリアについて、x 時間で m 倍になって、y 時間で n 倍になるとすると……。

ちょっと待ってよ。急にそんなに文字をいっぱい出されても、……。えっと、x 時間で m 倍になって、y 時間で n 倍になるんだから、対数の式で書くと、

$$x = \log_a m, \quad y = \log_a n \quad \text{―――} \quad ①$$

ですね。

先生 そうそう。それで、$x+y$ 時間経つとどうなるかな。

まず x 時間で m 倍になって、その後、もう y 時間経ったら、そのまた n 倍なんだから、……。m 倍の n 倍、つまり $m \times n$ 倍になるよ。

$$B \text{個} \xrightarrow[m\text{倍}]{x\text{時間}} Bm \text{個} \xrightarrow[n\text{倍}]{y\text{時間}} Bmn \text{個}$$

先生 そういうこと。

久美 結局、$x+y$ 時間では、mn 倍になるのね。すると、式に書くと、

$$x + y = \log_a mn$$

となるわ。

先生 だから、右辺と左辺を逆に書いてまとめると、

$$\log_a mn = \log_a m + \log_a n$$

となるんだ。

大介 この式は、かけ算が足し算になっているね。

いい見方だな。そういう意味でも、これは対数の性質の中でも、最も重要なものなんだ。例えば、$32 = 8 \times 4$ だから、

$$\log_2 32 = \log_2 8 + \log_2 4 = 3 + 2 = 5$$

が成り立つんだ。

大介 そうか。

久美 でも、$2^5 = 32$ だから $\log_2 32 = 5$ としたほうが早いですね。

先生 そうだね、でもこんなこともできるんだぞ。

$$\log_8 2 + \log_8 2 + \log_8 2 = \log_8(2 \times 2 \times 2) = 1$$

だから、$3\log_8 2 = 1$ となって、

$$\log_8 2 = \frac{1}{3}$$

とわかるんだ。

大介 すごい。でも、$\log_8 2$ だなんてなんか怪しいなあ。

先生 そんなことはないさ。$\log_8 2$ の意味を考えればいいんだ。つまり、1時間で8倍になるとしたら、2倍になるまでには $\frac{1}{3}$ 時間つまり20分かかる、ということだよ。

大介 そうか、20分で2倍になるんだったら、40分で4倍でしょ。もう20分経てばその倍の8倍、つまり1時間で8倍になるんだ。

久美 なんだ。そういうことだったの。

大介 何かわかってきたっていう感じだな。(笑)

先生 もうひとつ、対数にとって決定的に大切なことがある。それは指数との関係なんだ。

　今、

　　$y = \log_a x$

としよう。この式の意味を、1時間でa倍になるバクテリアで考えるよ。

久美 先生は、ほんとにバクテリアが好きなのね。

 内容に注目してよ。いいかな、

　　「x倍になるまでの時間はy時間」

だということだろう。つまり、言い換えたら、

「y 時間で x 倍になる」

これを式で書くと、

$$x = a^y$$

だ。だから、$y = \log_a x$ と $x = a^y$ は同じなんだ。

久美 先生、つまりこういうことですか。えーと、

$$3 = \log_2 8 \qquad 8 = 2^3$$

この2つの式は、同じことを表しているってことね。

先生のちょっと一言

このようなとき、これらは同値だといって、

$$y = \log_a x \Leftrightarrow x = a^y$$

と書きます。この矢印「$\Leftrightarrow$」が同値の記号です。

先生 そういう具体例で考えることは、いいことだよね。
大介 こっちのほうがわかりやすいよね。
先生 ここで、対数関数の性質をまとめておくから、必要なときは参照するようにしよう。

1. $y = \log_a x \Leftrightarrow x = a^y$
2. $\log_a 1 = 0,\ \log_a a = 1$
3. $\log_a mn = \log_a m + \log_a n$

4. $\log_a \dfrac{m}{n} = \log_a m - \log_a n$

 とくに、 $\log_a \dfrac{1}{n} = -\log_a n$

5. $\log_a m^n = n \log_a m$
6. $\log_a m = \dfrac{\log_b m}{\log_b a}$ （底の変換公式）

大介 先生、ちょっと急ぎすぎだよ。いきなり6つも公式を書くなんて。
先生 こういうときこそ、自分で具体例で考えてみるといいんだ。自分で考えてみなさい。
久美 でも、ちょっと多いわよねぇ。
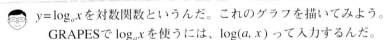 たまには、厳しくしてもいいんじゃないか。
大介、久美 えーっ。

対数関数のグラフ

$y = \log_a x$ を対数関数というんだ。これのグラフを描いてみよう。
　GRAPESで $\log_a x$ を使うには、$\log(a, x)$ って入力するんだ。

ええっと、普通の式では、底が小さく書かれているけど、左側に底を入力すればいいのね。つまり、

　　log(底, 真数)

ってことね。
先生 ただし、GRAPESに入力するときだけの約束だよ。
久美 あれっ、ちゃんと入力したのに、なんにもグラフが出てこないわ。
大介 それはね、運が悪いんだ。コンピュータにはよくあるんだよ。そういう

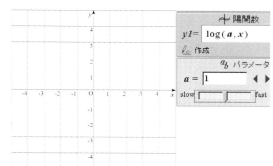

ときは、いろいろと操作していると、そのうちうまくいくようになるんだ。例えば、パラメータ a を適当に動かしてみるよ。ほらね、ちゃんとできただろう。

久美 ほんとだ。コンピュータって気まぐれなのね。
先生 おいおい、それは違うよ。久美がグラフを描いたとき、対数の底 a の値は 1 だったろう？ 対数の底というのはバクテリアの増殖速度だから、1 以外の正の数でなくっちゃいけないんだ。
大介 そうだったんだ。ちゃんと理由があるんだ。
先生 当たり前だろ。

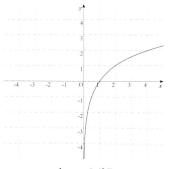

$y = \log_a x$ のグラフ

対数関数のグラフって、この前の指数関数のグラフに似てると思わない？
大介 どんなとこが？ 指数関数は、ビューンと上に行っちゃうんだぞ。
久美 つまり、対数は上じゃなくって、横にビューンとなっているでしょ。
大介 そうかな。
先生 そうだね。感覚だけで話していても始まらないから、GRAPES で対数関数と指数関数の 2 つのグラフを一緒に描いて比べてみたらどうかな。
久美 $y = a^x$ のグラフを描くといいんですよね。ほらっ、似てるでしょ。
大介 久美の言っている意味がわかったよ。ちょうど裏返しになった形だ。

久美 先生。グラフが裏返ってますよね。

先生 そうだね。このような2つのグラフの位置関係は正確にいうと、「直線 $y=x$ に関する線対称である」っていうんだ。だから、直線 $y=x$ に関する線対称の性質を調べたらいいんだ。

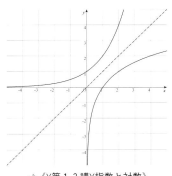

⇨《¥第13講¥指数と対数》

　右上の図は、2点P, Qが直線 $y=x$ に関して対称の位置に来るように描いたものなんだが、この場合、座標は、

　　P(3, 1), Q(1, 3)

だから、x 座標と y 座標が入れ替わっている。2つの点が直線 $y=x$ に関して対称の位置に来るということは、x 座標と y 座標が入れ替わっているということなんだ。

久美 はい、よくわかります。

 グラフでも同じで、x と y を入れ替えれ

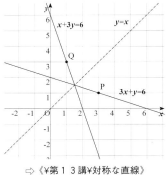

⇨《¥第13講¥対称な直線》

ば直線 $y=x$ に関して対称になる。例えば、$3x+y=6$ のグラフを描くだろう。それから、x と y を入れ替えて $x+3y=6$ のグラフを描くと、ほらね。直線 $y=x$ に関して対称になっているだろう。

大介 はい、確かにそうなってます。

 それじゃ、対数関数と指数関数は x と y が入れ替わっているんですか？

大介 $y=\log_a x$ と $y=a^x$ じゃ全然違うと思うけどなあ。

先生 そうでもないよ。$y=\log_a x$ と $x=a^y$ は同じだったんだろう。そして、x と y を入れ替えると、ちゃあんと、

$$y=a^x$$

になる。

久美 えっ。ちょっと待ってよ、先生。

大介 そうだよ、x と y を入れ替えるって……。

 よし。じゃ、この表を見るとわかるんじゃないかな。

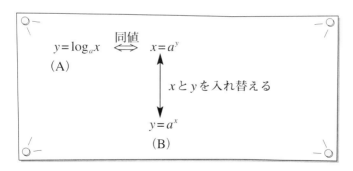

ということで、(A)と(B)は、x と y を入れ替えた関係なんだ。

つまり、$y=\log_a x$ と $x=a^y$ のグラフは同じで、$x=a^y$ と $y=a^x$ のグラフ

は直線 $y=x$ に関して対称になっているというわけだ。

大介 了解。

久美 やっぱり、$y=\log_a x$ と $y=a^x$ は裏返しでした。

先生 よし、練習だ。

久美 また、バクテリアじゃないですよね。

先生 どうしてわかった？

やっぱりそうだ。先生はバイクマニアじゃなくて、バクテリアマニアだったんだ（笑）。

§練習2　今、1個のバクテリアがいて、1時間経つごとに個数が4倍に増える。このバクテリアの個数が x 個になるのに要する時間を y 時間とするとき、y を x の式で表してください。また、1,000,000個になる時間をグラフを描いて調べてください。

⇨《\第13講\第13講練習2》

第13講　対数関数　153

対数関数は、ややこしくて難しいというイメージがありますが、微分すると非常に簡単な関数になります。

対数関数

今回は、対数関数の導関数を求めてみよう。前々回に指数関数の導関数を求めただろう。指数関数の微分を使うと、対数関数の導関数が簡単に求まるんだ。

指数関数と対数関数って、確かさかさまの関係だったような気もするけど、それと関係あるのかな？

先生 今日は冴えてるな。おおありなんだ。まず、指数関数と対数関数の関係を復習しておこう。

$$v = a^u$$

のとき、これを対数を用いて表すと、

$$u = \log_a v$$

だったね。

大介 前回、久美が言っていた、

$$8 = 2^3 \iff 3 = \log_2 8$$

のことですね。

先生 そうそう、この関係を使うんだ。それから、計算が楽なように、指数関数や対数関数の底は e だとしておこう。つまり、$a=e$ とする。底が e の対数 $\log_e x$ は自然対数といって、底は省略して $\log x$ と書くんだ。そうすると、

$$v = e^u \Leftrightarrow u = \log v$$

が成り立つ。

久美 e って、あの 2.718… のあれですよね。

先生 そうだよ。指数関数の微分をやったときのことを思い出してごらん。

大介 「微分しても変わらない」ってやつだ。つまり、

$$(e^x)' = e^x$$

だったよね。

先生 これから当分の間、自然対数に話題をしぼって進めるからね。

大介 了解、底は e だ。

対数関数の導関数

さて、

$$y = \log x$$

とおくと、

$$x = e^y$$

となる。ここで、x と y を入れ替えると、

$$y = e^x$$

になるね。久美、微分してごらん。

第14講 対数関数の微分

これは底が e の指数関数だから、微分しても変わらないから、

$$y' = e^x = y$$

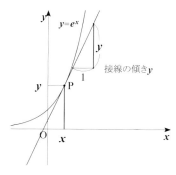

先生 この指数関数と接線をグラフにしたのが右上の図だ。接線の傾きは y だから、横対縦は $1:y$ になっているのがわかる。

そして、このグラフを直線 $y=x$ に関して対称に移したものが右下の図なんだ。このとき、x と y が入れ替わるから、グラフの方程式は $x=e^y$ つまり $y=\log x$ になっている。このとき、接線の傾きを調べてごらん。

久美 入れ替える前が、横対縦が $1:y$ だったから、入れ替えた後の傾きは、えーと、横対縦で $x:1$ になってるから、傾きは $\dfrac{1}{x}$ ですね。

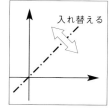

ということは、

$$y' = \dfrac{1}{x}$$

が成り立つよね。よって、

$$(\log x)' = \dfrac{1}{x}$$

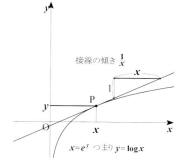

大介 なんだかだまされているみたい。それに、対数関数を微分したら、反比例の関数だなんて不思議だなあ。

久美 指数関数の導関数は指数関数でしょう。なのに、対数関数を微分したら

全然別の関数になるんですね。

大介 $(e^x)' = e^x$ も $(\log x)' = \dfrac{1}{x}$ も、2つともきれいだよね。

久美 ふ〜ん。大介も少しは美意識があるのね（笑）。

大介 この間も言ったね！ 僕って美しいものに敏感なんだよ。

> **先生のちょっと一言**
>
> 　対数を考え始めたのは、スコットランドのネピア（Napier）(1550-1617) です。彼は、対数の導入に速度の概念を使っていて、解析学つまり微分積分のもとになるような考えも持っていました。

対数関数の微分

それでは、$\log(2x+1)$ を微分してみよう。

$$\{f(ax+b)\}' = af'(ax+b)$$

だったから、

$$\{\log(2x+1)\}' = 2 \times \dfrac{1}{2x+1} = \dfrac{2}{2x+1}$$

だよね。

大介、久美 そうですね。

先生 じゃ次に、

$$\log(-x+2),\ \log 2x$$

を微分してごらん。

大介 $\{\log(-x+2)\}' = (-1) \times \dfrac{1}{-x+2} = \dfrac{1}{x-2}$ でいいのかな。

先生 そうだね。

久美 $\{\log 2x\}' = 2 \times \dfrac{1}{2x} = \dfrac{1}{x}$ になります。

大介 ねえねえ。久美の答えはおかしいよ。

久美 どうして？　ちゃんと計算したわよ。

大介 だって、$(\log x)' = \dfrac{1}{x}$ だろう。だったら、$(\log 2x)' = \dfrac{1}{x}$ だなんて、おかしいよ。

なるほど、違う関数を微分したのに導関数は同じ関数になるということだね。こうすれば納得できるんじゃないかな。

$$\log 2x = \log 2 + \log x$$

だから、

$$(\log 2x)' = (\log 2 + \log x)' = 0 + \frac{1}{x} = \frac{1}{x}$$

大介 あっそうか。x を 2 倍したり 3 倍したりするってことは、$\log 2$ や $\log 3$ を足すことになるんだ。だったら、どんな数 a に対してでも、

$$(\log a\,x)' = (\log a + \log x)' = 0 + \frac{1}{x} = \frac{1}{x}$$

になってしまうよ。

先生 そうだ。今日は冴えてるじゃないか。

久美 大介君、すごい！

大介 まあ、実力でしょ（笑）。

先生 $y = \log x$ と $y = \log ax$ の 2 つのグラフを描いて、a を動かしてごらん。もっとよくわかるよ。

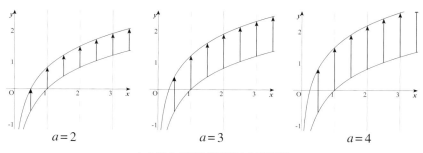

$a=2$　　　　　　　$a=3$　　　　　　　$a=4$

⇨《¥第１４講¥対数関数と平行移動》

久美 グラフが上下に平行移動するだけだから、傾きは変わらないんですね。

先生 だから、$(\log ax)' = (\log x)'$なんだ。

わかったぞ。xをa倍すると、y軸方向に$\log a$だけ平行移動するんだ。

先生 いいねえ。冴えてるねえ。実際、aがどんな実数でも、

$$(\log ax)' = a \times \frac{1}{ax} = \frac{1}{x}$$

が成り立つね。ここで、$a = -1$とおくと、

$$\{\log(-x)\}' = \frac{1}{x}$$

になるだろう。これと、$(\log x)' = \dfrac{1}{x}$と合わせて、

$$(\log|x|)' = \frac{1}{x}$$

になる。対数の真数は正の数しか扱えないから、絶対値を付けても微分した結果が同じだというのは、計算に便利なことが多いんだ。

第14講　対数関数の微分　159

大介 便利って、どういうところが？
先生 それを、これから話すんだよ（笑）。

対数微分

 ここで、対数微分というテクニックを紹介しよう。
　まず、

$$y = \log f(x)$$

という合成関数の導関数を求めてみよう。

ちょっと待ってよ。$\log f(x)$ ってどういうこと。

今日は冴えているから、僕からお話ししましょう（笑）。いいですか、$\log x$ の x のところに、$f(x)$ が代入されているだけだよ。

久美 そうか、だから合成関数なんだ。つまり、

$$y = \log u, \quad u = f(x)$$

と2つの関数に分解すればいいのね。

先生 そうだ。そうすると、

$$\frac{dy}{du} = \frac{1}{u}, \quad \frac{du}{dx} = f'(x)$$

だろう、だから $\dfrac{dy}{dx}$ はどうなる？

大介 かけ算すればよかったから、

$$\frac{dy}{dx} = \frac{dy}{du}\frac{du}{dx} = \frac{1}{u}f'(x) = \frac{f'(x)}{f(x)}$$

となります。

先生 ところで、

$$y = \log u = \log f(x)$$

だから、

$$\{\log f(x)\}' = \frac{f'(x)}{f(x)}$$

が成り立つんだ。この式はいろんなところで使えるから、覚えておこう。

大介 大事な公式なんだ。

先生 それから、$(\log|x|)' = \dfrac{1}{x}$ だから、

$$\{\log|f(x)|\}' = \frac{f'(x)}{f(x)}$$

も成り立つ。$f(x)$ が負にもなるような場合には、こちらを使うといいよ。

$\log|f(x)|$ の絶対値の中をそのまま分母にして、分子は微分か。

久美 覚えやすい公式ね。絶対値の中だけ注意すればいいのね。

先生 それじゃ、次の関数を微分してごらん。

   (1)　$\log(1+x^2)$　　(2)　$\log|\cos x|$

大介 「$f(x)$ 分の $f'(x)$」だから、(1) は、

$$\{\log(1+x^2)\}' = \frac{(1+x^2)'}{1+x^2} = \frac{2x}{1+x^2}$$

第14講　対数関数の微分　161

ジャーン。できたよ。(2)は久美だよ。

久美 いいわよ。絶対値の中は $\cos x$ でしょ。そうすると、

$$\left(\log|\cos x|\right)' = \frac{(\cos x)'}{\cos x} = \frac{-\sin x}{\cos x} = -\tan x$$

あれっ。こんなところに tan が出てくるんですね。

先生 そうだね。これは面白い等式だね。マイナスをつけて考えてみると、

$$(-\log|\cos x|)' = \tan x$$

となるだろ。微分して $\tan x$ になる関数がわかったじゃないか。

大介 $-\log|\cos x|$ なんて、予想つかないよね。

久美 ほんとね。最初に考えた人はすごいよね。

先生 まだまだ、驚くのは早いよ。

久美 えっ、なんですか。

先生 この $\{\log|f(x)|\}' = \dfrac{f'(x)}{f(x)}$ において、$y = f(x)$ とおくと、どうなるかな。

久美 置き換えるだけなら、$(\log|y|)' = \dfrac{y'}{y}$ となります。

先生のちょっと一言

y は x の関数で、$\log y$ は y の関数だから、合成関数の微分法を用いて、

$$\frac{d\log y}{dx} = \frac{d\log y}{dy}\frac{dy}{dx} = \frac{1}{y} \times y' = \frac{y'}{y}$$

と計算する方法もあります。

先生 そうだね。このように、対数をとると簡単になる関数に対しては、この等式が大変便利で使いやすい式となるんだ。

大介 先生、何言ってるか、さっぱりわかりません。

 えっ? わからないか。うーん、わからないよな。じゃ、具体例で話をしよう。

久美 そうしてください。

先生 一番いい例はね、えっと……。そうだ、

$$(x^\alpha)' = \alpha x^{\alpha-1}$$

が α が任意の実数のときに成り立つことを示そう。ただし、$x>0$ だ。

久美 その公式は前にも出てきたんじゃないですか。

先生 そうなんだ。この公式は今までも時々出てきている。一番新しいところでは、確か第7講の最後で証明している。でもね、そのときは x の有理数乗だったけど、今回は x の実数乗なんだ。

久美 つまり、x の指数がどんな実数のときでも成り立つってことですね。

 その通り。では、証明始めるよ。

久美 はい。

先生 まず、$y=x^\alpha$ とおくだろ。ここですぐ微分を求めようと思っても、α は実数だから、どうやって微分すればいいのかわからないよね。

大介 わかっていたら、証明はいらないよ。

 そりゃそうだ。そこで、この両辺の対数を求めると

$$\log y = \log x^\alpha$$

だね。右辺の真数 x^α の指数の α は、$\log$ の前に出るから、

$$\log y = \alpha \log x$$

となる。

久美 何とか、オッケーです。

先生 何とかか……、続けるよ。さあ、この両辺を x で微分すると、どうなるかな、大介。

大介 左辺の $\log y$ を微分すると $\dfrac{y'}{y}$ だし、右辺の $\alpha \log x$ を微分すると $\dfrac{\alpha}{x}$ だから、

$$\frac{y'}{y} = \frac{\alpha}{x}$$

かな。

久美 ということは、左辺の分母をはらって、

$$y' = \frac{\alpha y}{x} = \frac{\alpha x^\alpha}{x} = \alpha x^{\alpha-1}$$

できたわ。

先生 どうだい、この方法はうまいもんだろう。

大介 ほんとだ、マジックみたい。

久美 あざやかですね。

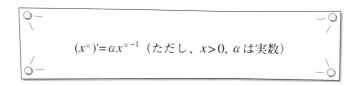

$$(x^\alpha)' = \alpha x^{\alpha-1} \quad (\text{ただし、}x>0,\ \alpha \text{は実数})$$

今、$y = x^\alpha$ を微分したときみたいに、式の両辺の対数をとってから微分する方法を「対数微分法」っていうんだ。

大介 これはすごい、覚えておかなくっちゃ。

久美 両辺の対数をとるのね。

先生 早速、練習しようか。久美が第11講の最後で質問していた問題だ。

§練習1　関数 $y = a^x$ の導関数を対数微分法を用いて求めてください。（ただし、$a \neq 1$, $a > 0$）

任意の底の対数関数の微分

🙍 $\log x$ の微分はわかったけど、この対数は底が e でしょう。底が e でないときの対数関数の微分はどうするんですか。

🧑‍🏫 それはね、底が e になるようにするんだ。底の変換公式を用いて、

$$\log_a x = \frac{\log x}{\log a}$$

とすれば微分できるよ。

🙎 わかった。$\dfrac{1}{\log a} \times \log x$ だから、$\dfrac{1}{\log a}$ 倍されているだけなんだ。だから……。

先生 ちょっと、ストップ。これは読者への練習問題の予定なんだ。君が解いてしまったら、困るんだ。

大介 はい。了解。練習になるんだ。

久美 でも、私たちも解くのよね。

先生 当然、君たちもだよ（笑）。

§練習2　関数 $y = \log_a x$ の導関数を求めてください。

第15講 グラフの凹凸と第2次導関数

グラフの様子は増加や減少だけでなく、曲線の凹凸も重要なポイントです。グラフの凹凸には導関数の導関数、つまり第2次導関数が深く関わっています。

グラフの凹凸

　まず、$y=x^2$ と $y=\sqrt{x}$ のグラフを描いてごらん。

　もちろんGRAPESを使ってですよね。

　なんて言っている間に、もう描けたよ。

先生 この2つのグラフは、$x \geq 0$ でどちらも増加状態だけど、増加の様子は全然違うだろう。

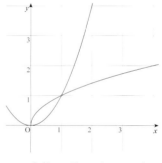

大介 $y=x^2$ のほうはどんどん大きくなっていくよ。もちろん、$y=\sqrt{x}$ のほうも大きくはなっていくんだけど、なんていうか、ちょっとずつしか大きくなっていかないよ。

⇨《¥第15講¥x^2とルートx》

久美 そう、大きくなる割合が減っているって感じ。

先生 そう、いい感覚だね。ほかに、グラフの形で気づくことはないかな。

久美 $y=x^2$ のほうはへこんでるけど、$y=\sqrt{x}$ のほうは膨らんでるわ。

先生 そうだね。数学では、へこんでいるのを「下に凸」、膨らんでいるのを「上に凸」っていうんだ。

久美 じゃ、$y=x^2$ のグラフは下に凸で、$y=\sqrt{x}$ のグラフは上に凸なのね。

大介 下に凸だったら、凹（おう）っていえばいいのに。だって、レンズなんかは、凸レンズ、凹レンズっていうよ。

でも、しょうがないんだ。数学では、そういうことになっているし……。それに、凹って字は筆順が難しいだろう。なっ、なっ。数学者は漢字に弱いから使わないようにしているんだ。

久美 えぇっ、先生、それ本当ですか？

先生 うーん、もちろん、ウソに決まってるけど。

久美 もうっ。いいかげんなこと言わないでよ。

大介 ったくもう。漢字が苦手な僕は、数学者の資質があるのかと思ったのに。

久美 ここで宿題です。凹と凸の筆順を調べてくること。いいですか、先生への宿題だよ。

先生 逆襲かぁ。

大介 ほんとに、どういう筆順なんだろ。

先生のちょっと一言（宿題編）

凹と凸の筆順は

となっていて、両方とも5画の漢字です。ところが、実は別の筆順だという説もあれば、「決まった筆順なんてない」という考え方まであるのです。うーん、数学の世界とは違うのかな……。

第15講　グラフの凹凸と第2次導関数　167

グラフの凹凸と第2次導関数

2次関数の場合、ひとつのグラフはどこでも下に凸か上に凸のどちらかだけど、一般の関数では、場所によって下に凸になったり、上に凸になったりするのが普通なんだ。例えば、右のグラフは3次関数 $y=x^3-6x^2+9x-1$ のものなんだけど、$x=1$ あたりでは上に凸で、$x=3$ あたりでは下に凸だろう。

久美 ほんとね。
先生 それでね、下に凸である $x=3$ あたりをよく見てみると、こうなっているだろう。

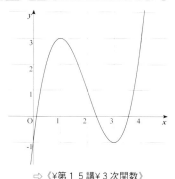

⇨《¥第15講¥3次関数》

「こうなっている」ってどうなっているんですか。
先生 接線の傾きを考えるんだ。つまり、$x=3$ のとき、接線は水平だろ。そして、その前後で下向きから上向きに変わっていくだろう。

x が増加すると傾きも増加する

久美 ということは、x が増加したら接線の傾きが増加していればいいのね。
先生 そういうこと。

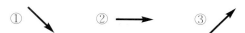

つまり、①、②、③のように傾きが増加すれば、下に凸。
久美 左から順に、だんだん上に向けばいいんだ。わかったわ。
大介 う〜ん。よくわからないよ。

それじゃ、詳しく説明しよう。今、関数を $y=f(x)$ とするよ。例えば下に凸という場合を考えると、x の値が増加するとき接線の傾きが増加するから、これは、$f'(x)$ が増加状態にあるということだ。これをグラフ

にしたのが右の図だ。

大介 確かに、$f'(x)$ は増加しているね。

先生 そうだろう。つまり、$y=f(x)$ のグラフが下に凸だということと、$y=f'(x)$ のグラフが増加状態であるということは同値だというわけだ。だから、$\{f'(x)\}'>0$ のとき下に凸だとわかる。

久美 $f'(x)$ をもう1回微分するんですか。

そうだ、ちょっとやってみよう。さっきのグラフの方程式は、

$$y=x^3-6x^2+9x-1$$

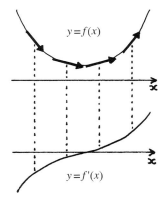

だから、

$$y'=3x^2-12x+9$$

もう一度微分して、

$$(y')'=6x-12=6(x-2)$$

これを見てわかるように、

$x>2$ のとき、$(y')'>0$ だから下に凸
$x<2$ のとき、$(y')'<0$ だから上に凸

になるのがわかる。

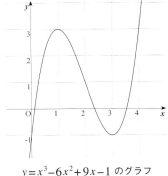

$y=x^3-6x^2+9x-1$ のグラフ

大介 ほんとだ。グラフの通りになってる。

先生 そりゃそうだよ。ところで、$\{f'(x)\}'$ は、$f(x)$ の導関数の導関数だから、これを $f(x)$ の第2次導関数といって $f''(x)$ で表すんだ。

先生のちょっと一言

第2次導関数を表すには、次のような記号を用います。
$$y'',\ f''(x),\ \frac{d^2y}{dx^2}$$

先生 それじゃ、練習に $y=x^3-3x^2-x+2$ のグラフの凹凸を調べてごらん。

久美 $y'=3x^2-6x-1$ だから、

$$y''=6x-6=6(x-1)$$

それから、

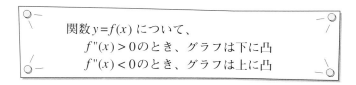

関数 $y=f(x)$ について、
$f''(x)>0$ のとき、グラフは下に凸
$f''(x)<0$ のとき、グラフは上に凸

だったでしょう。そうすると、

$x>1$ のとき、$y''>0$ だから下に凸
$x<1$ のとき、$y''<0$ だから上に凸

です。

§練習1 関数 $y=-x^3+3x^2+2x-1$ について、第2次導関数を求めてグラフの凹凸を調べてください。

変曲点

 次の3次関数

$$y = x^3 - 6x^2 + 9x - 1$$

の場合、$x < 2$ のところでは上に凸で、$x > 2$ のところでは下に凸になっている。そうすると、このグラフは $x = 2$ のところで凹凸が入れ替わっているのがわかるだろう。

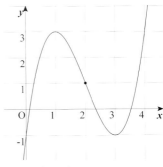

$y = x^3 - 6x^2 + 9x - 1$ のグラフ

久美 点 $(2, 1)$ のところですか。

先生 そうそう、これを変曲点というんだ。つまり、変曲点というのは、y'' の符号が変化する点のことなんだ。

大介 y'' の符号が変化するって、何のことだかちょっとわかりません。

 例えば、この3次関数の場合、

$$y'' = 6(x - 2)$$

だから、$x = 2$ の前後で y'' の符号が負から正に変化している。つまり、$x = 2$ のところが変曲点さ。サーキットに見立てれば、右図のS字カーブで、左カーブから右カーブに変わるところだ。

久美 y'' の符号が変化するんだったら、変曲点のところではちょうど $y'' = 0$ になっているんじゃないの？

先生 うん、そうだ。

大介 それじゃ、$y'' = 0$ になっている点を見つけたらいいんだ。

先生 それがちょっと違うんだ。

大介 えっ。どうして。

先生 例えば、$y=x^4$ について考えてみると、

$$y''=12x^2$$

だから、$x=0$ のとき $y''=0$ になっている。でもグラフを見るとこの点は変曲点じゃない。

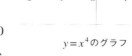

$y=x^4$ のグラフ

大介 ほんとだ。でも、どうしてかな。

先生 この関数の場合、$x \neq 0$ のときは $y''>0$ だから、$x<0$ のときも、$x>0$ のときも、どちらも下に凸なんだ。だから、$x=0$ のときは変曲点じゃない。

大介 そうか。$y''=0$ になっていても y'' の符号が変化しているとは限らないんだ。

先生 それじゃ、例として $y=x^4-6x^2+x+5$ の変曲点を求めてみよう。まず、y'' はどうなるかな？

久美 えっと、$y'=4x^3-12x+1$ だから

$$y''=12x^2-12$$

です。

先生 そうだね。大介、その式は、因数分解できないかな。

大介 できるよ。

$$y''=12(x-1)(x+1)$$

です。

先生 じゃ、y'' のグラフを描いてごらん。

大介

です。

先生 だから、$x=-1, 1$ のとき $y''=0$ になるし、y'' の符号も調べて、ちょっと表を作るとだな、

x	$\cdots$	-1	$\cdots$	1	$\cdots$
y''	$+$	0	$-$	0	$+$
y	凹		凸		凹

こうすると、$x=-1$ や $x=1$ の前後で y'' の符号が変化しているのがわかるだろう。

（生徒） よくわかるよ。$x=-1$ や $x=1$ のところが変曲点ってわけだね。

先生 その通り。これのグラフを描くと……。ほらね。$x=-1$ や $x=1$ のところで凹凸が変化しているだろう。

大介 そう言われればそんな気もするけど……。

久美 なんか、微妙ね。

（先生） 微妙か、けれどその微妙なところが、どこなのか。それが、微分を2回するだけでわかるところがすごいんだ。なっ、本当に -1 と 1 で凹凸が変化しているだろ。なっ、なっ。

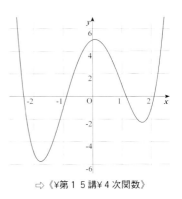

⇨《¥第１５講¥4次関数》

大介、久美（うなずくが、沈黙）

§練習2　次の関数の凹凸を調べ、変曲点を求めてください。

(1) $y = x^3 - 3x^2 + 3x$　　(2) $y = \dfrac{1}{x^2+3}$

物体が運動しているとき、位置は時刻の関数で表されます。このとき、その物体の速度は位置を時刻で微分したものになります。

物体の運動とグラフ

 今日は、物体が運動するときの位置と速度の関係を調べることにしよう。

今までと、話題が全然違うね。

先生 それが、これも微分と大いに関係があるんだ。

 どんな関係かしら。

先生 まあ、これからの話をじっくり聞いてほしいな。まず、秒速3mでまっすぐ進むとき、x秒間に進む距離をymとすれば、

$y = 3x$

が成り立つ。同じように秒速2mだったら、

$y = 2x$

になる。これをグラフにしたのが右の図だ。これは時刻-位置グラフというんだが、時刻-位置グラフでは、速度はグラフの傾きで表されるんだ。

大介 yって距離を表しているのに、どうして、時刻-位置グラフなのかな。

先生 $t=0$の地点を基準にして点の位置を定めれば、進んだ距離が位置を表し

174 第16講 速度と加速度

ているからさ。

久美 ところで、先生。実際の物の運動は速くなったり遅くなったりしているでしょう。そのときはどうなるんですか。

先生 そのためには、途中で速度が変わるような例を考えるとわかりやすい。例として、右のグラフの運動について考えてみよう。

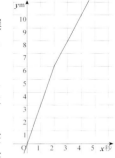

　このグラフを見ると、最初の2秒間は傾きは3だから、1秒につき3m進む。このことから秒速3mだというのがわかる。それじゃ、2秒後からあとはどうなっているか、言えるかな？

大介 傾きが2だから、1秒につき2mずつ進むんだ。だから、速度は毎秒2mです。

久美 そうだ。わかったわ。速度はそのときの傾きを調べればいいんですね。

先生 そうだね。時刻-位置グラフでは、どんなときでも、

$$（速度）=（グラフの傾き）$$

が成り立っているんだ。

自由落下運動と速度

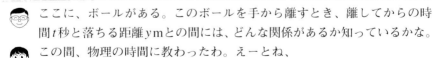

ここに、ボールがある。このボールを手から離すとき、離してからの時間 t 秒と落ちる距離 y m との間には、どんな関係があるか知っているかな。

この間、物理の時間に教わったわ。えーとね、

$$y = \frac{1}{2}gt^2$$

だったと思うわ。

第16講　速度と加速度　175

先生 そうだね。この運動を自由落下運動というんだ。ちょっと補足の説明をしておくと、g というのは、地表での重力加速度と呼ばれる量で、およそ $g=9.8\text{m/s}^2$ だ。

だから、

$y=4.9t^2$

だ。これをもとに、時間とともに落ちる距離を求めると、こんな風になる。

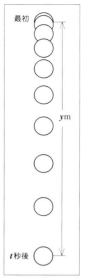

自由落下運動

t	0	1	2	3	…	10
y	0	4.9	19.6	44.1	…	490

久美 10秒で490mも落ちるのね。ということは、東京タワーのてっぺんから落としても、地面に落ちるまで10秒もかからないんだ。

 ほんとにすごいや。これならゼロヨンも9.0秒そこそこじゃないのかな。重力で動くエンジンの車を作ったら速いだろうなあ。

先生 僕のナナハンなんて目じゃないだろうね。きっと。

久美 先生も話に乗らないでください。

先生のちょっと一言

実際には空気の抵抗があるから、もっと時間がかかりますが、ここでは無視することにします。

それから、「ゼロヨン」とは、1／4マイル、つまり約400mの直線区間のスタートからゴールまでの時間を競う競技のタイムのこと。10秒程度で走り抜ける。

大介 でもさあ、先生。10秒経ったときの速さってどれくらいなのかな？

久美 確か、それも教わったんだけど……忘れちゃった。

先生 それじゃ、この運動によるボールの速さを求めてみよう。まず、グラフを描いてみよう。2次関数だからすぐに描けるだろう。

大介 tの代わりにxっておけば、$y=4.9x^2$だからGRAPESで描けるよ。

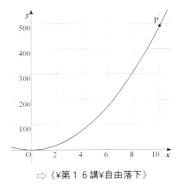

⇨《¥第１６講¥自由落下》

先生 なるほど。それじゃ、$y=4.9x^2$で考えることにしよう。求めたいのは10秒後の速度だから、グラフでいうと、点Pのところでの速度だ。

大介 そうか。この点でのグラフの傾きを調べたらいいんだ。拡大してみると、えーっと、xが10から10.1まで増える間にyが10ほど増えるから、傾きは$\dfrac{10}{0.1}=100$くらいかな。

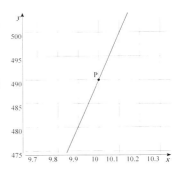

先生 なかなかいい線いってるね。でも、正確な傾きの値をこのグラフから読みとるのは難しいだろう。計算で求める方法はないかな。

傾きを求めるんでしょう。だったら、微分すればいいんじゃないの。

そうなんだ。微分すればいいんだ。計算してみてくれるかな。

久美 $y=4.9x^2$だから、$y'=9.8x$でしょう。これに、$x=10$を代入して、$y'=9.8\times 10=98$です。

微分したら速度が求まるなんて、すごいや。そうか、だからか。

第16講 速度と加速度 177

久美 何よ。
大介 「傾きは100ぐらいかな」って言ったとき、先生は「なかなかいい線いってる」って言ってただろ。
久美 そうね、先生は暗算で98って計算してたんですか。
先生 まあ、4.9×2×10＝98 ぐらい、誰でもできるんじゃないかな。
大介 ほんとだ、これなら、僕でも暗算でできるよ（笑）。

§練習1　ボールがこのまま落ち続けたとして、20秒後の速度を求めてください。

速度と微分

　時刻−位置グラフでは、

　　　（速度）＝（グラフの傾き）

だった。そして、グラフの傾きを求めるには、微分すればよかった。

　だから、時刻をx、位置をyとすれば、速度は$\dfrac{dy}{dx}$で表される。

大介 先生、$\dfrac{dy}{dx}$でなくても、y'でもいいんじゃないの。
先生 かまわないよ。ただね、位置を時刻で微分すると速度になるということを強調したかったんだ。例えば、時刻はxじゃなくてtを使うことが多いから、そのときは、$\dfrac{dy}{dt}$が速度になる。

それじゃ、$y=4.9t^2$だったから、速度は、

$$\dfrac{dy}{dt}=9.8t$$

なのね。今、やっと思い出したわ。物理で教わったの。速度をvとすれば

$$v = 9.8t$$

だった。でも、微分を使えば、覚えてなくても求められるのね。

先生 位置を微分したら速度。つまり、$v = \dfrac{dy}{dt}$ と覚えておくといいね。

加速度

ところで、自由落下運動では、

$$y = 4.9t^2$$

だったから、これを時刻tで微分して、

$$v = 9.8t$$

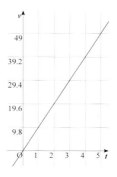

になるんだった。これをグラフにしたのが右図だ。速度vは毎秒9.8ずつ増加しているのがわかる。これを加速度っていうんだ。加速度は、時刻t－速度vグラフの傾きで表されるから、

$$加速度 = \dfrac{dv}{dt}$$

が成り立つ。

自由落下運動を、等加速度運動というのは、この加速度が変わらないっていうことね。

そうか、9.8は変わらないものね。

先生 今までのことをまとめると、こうなるよ。

第16講 速度と加速度

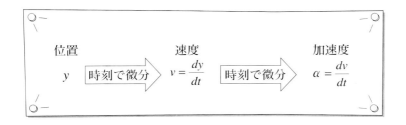

§練習2 小さくゆれる振り子では、振れ始めてからt秒後のゆれ幅をxmとすると、
$$x = a\cos kt \ (a, k は定数)$$
が成り立ちます。このとき、振り子の速度、および加速度を求めてください。

大介 すごく難しそうだね。
先生 物理を習ってないとびっくりするかもしれないね。でも、位置を時刻で微分すると速度が求まって、速度を時刻で微分すれば加速度が求まるのは、この場合でも同じだよ。

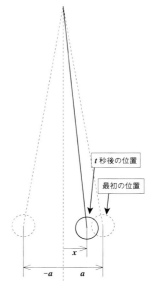

時間とともに点が動くとき、点の座標は時刻を表す変数 t の関数で表されています。そして、その点の動きを追跡するとひとつの曲線ができます。ここでは、そのような曲線について調べてみることにしましょう。

平面上の点の運動

 点が時間とともに動くとき、その点がどのような軌跡を描くかを調べてみよう。例えば、時刻 t における点 $P(x, y)$ の位置が、

$$x = 2t + 1, \quad y = 3t$$

で表されるとき、いろいろな t の値での点Pの座標は、

t	-1	0	1	2	3
(x, y)	$(-1, -3)$	$(1, 0)$	$(3, 3)$	$(5, 6)$	$(7, 9)$

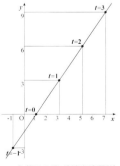

となるから、これを図に描くと、こんな風になる。一定の間隔で進んでいるね。

先生 そう。いつも同じ速さで同じ向きに進んでいるのがわかる。

 物理の時間で教わったわ。等速直線運動っていうんでしょう。

先生 おっ。すごいじゃないか。それじゃ、こういう

⇨《¥第17講¥等速直線運動》

第17講　媒介変数表示関数の微分　181

のはどうだい。
$$x = 20\,t,\quad y = -5\,t^2 + 20\,t$$

大介 数字が大きいから計算が面倒だね。

先生 これはGRAPESを使うといいよ。まず、基本図形エリアの［作成］ボタンにマウスを重ねると点の名前（アルファベット）が表示されるから、好きなのをひとつ選んでクリックする。

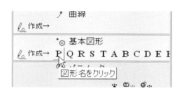

大介 こうだね。

先生 そうだ。図形のプロパティウィンドウが表示されるから、点・を選ぶ。そうすると、点の座標を入力するボックスが表示されるから、「$x =$」や「$y =$」の右側の空白部分をクリックして、式を入力するんだ。

大介 まずは $x = 20\,t$ で、次は $y = -5\,t^2 + 20\,t$ だね。

先生 点の動きを残しておきたいから、「残像」にチェックを入れてから、［OK］

をクリックしよう。

大介 あれれ。何も表示されないよ。

先生 どうしてだろうね。いま $t=1$ になっているんじゃないかい。

大介 えーっと、$t=1$ になってる。

先生 だろう。このときの点の位置を計算してごらん。

大介 $t=1$ だから、$x=20t=20$ で、$y=-5t^2+20t=-5+20=15$。ということは、点の座標は $(20, 15)$ なんだ。

久美 もっと、広い領域で見なくちゃダメだったのよ。

大介 じゃ、思いっきり広げてみるよ。あっ、ほんとだ、ちゃんとあるよ。

先生 それじゃ、変数 t を動かしてごらん。$t=0$ から始めるとよくわかるよ。

大介 こうかな。なんだか、山みたいな形になるよ。

先生 これはね、毎秒28mで斜めに投げ上げた物体が落ちる様子を表しているんだ。だから放物線だよ。

大介 毎秒28mってどれくらいの速さなのかな。

久美 時速に直せばいいんじゃない。1時間は3600秒だから、28m×3600=100.8km。時速約100kmね。割と速いのね。

大介 別に速くないさ、車の速さじゃないんだから、野球部のピッチャーならもっと速

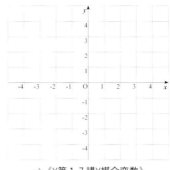

⇨《¥第１７講¥媒介変数》

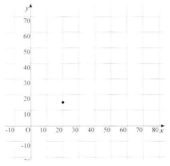

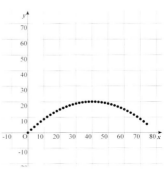

第17講　媒介変数表示関数の微分　183

いよ。僕でもそれくらいなら投げられるよ。
- **先生** そうだね、プロ野球のピッチャーならかなりのスローボールと言っていいね。
- **久美** ええっ、そうなの、知らなかったわ。

§練習1　次の式で表される点(x, y)の軌跡をGRAPESで描いてみましょう。
(1)　$x = 2t,\ y = -t + 2$　　(2)　$x = \cos t,\ y = \sin t$
(3)　$x = t^2,\ y = t^2 - 2t$
　⇨《¥第１７講¥第１７講練習１》

- **久美** 描けたけど、これって点の集まりの粒々状態でしょう。なめらかに結ぶことはできないんですか。
- **先生** 簡単にできるよ。
- **大介** やっぱりできるんだ。
- **久美** はじめから教えてよ。
- ものには、順序というものがあるの。まず、図形の式部分をクリックすると、その図形のプロパティが表示される。そこで、「軌跡」の下の窓にマウスをポイントすると線の太さメニューが表示されるから、結ぶ線の太さを選べばいい。

- **久美** やってみるわ。
- **先生** ただし、線が結ばれるのは、これから描く点についてだけで、今までに描いた点が結ばれるわけじゃない。だから、この操作のあと、パラメータを動かして新たに点を描きなおす必要がある。
- **久美** じゃ、はじめから「軌跡」を設定しておけばよかったのね。

先生 それと、もうひとつ大切なことは……。
久美 まだあるの？
大介 「ものには順序というものがあるの」（笑）。
 いいかな、これは点を直線で結んでいるだけだから、隣り合った点が離れているとカクカクした折れ線になることがある。そういうときは、パラメータの増減幅を細かくすれば滑らかに見える。
久美 細かくするのね。できた。結構きれいね。
大介 うん、きれいだな。これって、バスケのロングシュートみたいだ。
久美 そんな風にも見えるわね。
大介 よし、今度の大会絶対勝つぞ。
久美 ガンバ!!

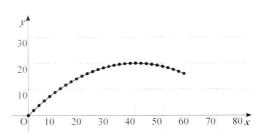

速度ベクトル

 点が動くとき、速度を求めるにはどうするんだったか覚えているかな。
 位置を時刻で微分するんでしょう。
先生 そうだね。例えば、さっきの $x=20t$, $y=-5t^2+20t$ だと、

$$\frac{dx}{dt} = (20t)' = 20$$

$$\frac{dy}{dt} = (-5t^2+20t)' = -10t+20$$

になる。
 答えが2つもあるのかな。

先生 いやいや、そうじゃないんだ。$\dfrac{dx}{dt}$ は x 軸方向の、つまり横方向の速度が20ということを表しているんだ。

大介 ということは、$\dfrac{dy}{dt}$ は、y 軸方向の、つまり縦方向の速度が $-10t+20$ ということなんだね。

先生 そうだ。

久美 でも、x 軸方向と y 軸方向の2つの値があるということなの？

先生 平面上の運動では、速度は大きさだけじゃなくて向きもあるだろう。だからベクトル量なんだ。つまり、速度ベクトルを $\vec{v}$ とすれば、

$$\vec{v} = \left(\dfrac{dx}{dt},\ \dfrac{dy}{dt}\right) = (20,\ -10t+20)$$

ということになる。

大介 突然ベクトルと言われても、不意打ちだよ。これは。

先生 仕方ないなあ。例えば、$t=0$ のときは $\vec{v}=(20,\ 20)$ になるだろう。これは、x 軸方向（右）に20と y 軸方向（上）に20進むだけの向きと大きさを表している。下の図で原点から出発している矢印がそのベクトルだ。

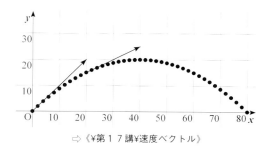

⇨《¥第１７講¥速度ベクトル》

　　　　もうひとつの矢印は、$t=1$ のときのも
　　　のなんだ。確かめてごらん。
大介 と、言われても……。
久美 $t=1$ のときは、$\vec{v}=(20, 10)$ でしょう。
　　　だから、右に20と上に10進むベクトル
　　　になるのよ。
大介 ちょっとわかってきたよ。

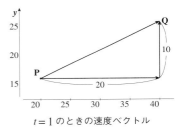

$t=1$ のときの速度ベクトル

速度の大きさ

 ところで、先生。その矢印の長さが速度の大きさなんですか。
 そうなんだ。速度の大きさ、つまり「速さ」を表している。今の場合、

$$\vec{v}=(20, -10t+20)$$

だから、

$$|\vec{v}|=\sqrt{20^2+(-10t+20)^2}$$

になる。この関数のルートの中は2次関数だから、平方完成して、

$$|\vec{v}|=\sqrt{100(t-2)^2+400}$$

となるだろう。

 そうか、$t=2$ のときに最小値になるのね。
先生 どうだい、計算ではっきりするだろう。でも、GRAPESで見てもよく
　　　わかるように、ファイルを作っておいたよ。
大介 なぁんだ、やっぱりあったんだ。先生なら準備しているんじゃないかな
　　　と思ってたよ。
先生 ファイル名は、《¥第１７講¥投げ上げ》だよ。

第17講　媒介変数表示関数の微分　187

久美 あっ、ベクトル $\vec{v}$ が表示されているわ。

先生 ちょっと、グラフで調べてみるよ。えっと、t を動かしてみて……。そうか、$t=2$ のときって、一番高いときなんだな。それに、そのときベクトルは、水平になってるんだ。

$\vec{v}=(20, 0)$ $\qquad |\vec{v}|=|\vec{PQ}|=20$

⇨《第17講　投げ上げ》

久美 $t=2$ のときに、$|\vec{v}|=20$ になって、さっきの計算と同じだわ。

先生 まあ、同じでないと困るけどね。

　　　平面上を動く点について、時刻 t での位置を (x, y) とするとき、速度ベクトル $\vec{v}$ は、

$$\vec{v}=\left(\frac{dx}{dt}, \frac{dy}{dt}\right)$$

であり、そのときの速さ $|\vec{v}|$ は、

$$|\vec{v}|=\sqrt{\left(\frac{dx}{dt}\right)^2+\left(\frac{dy}{dt}\right)^2}$$

---

§練習2　x, y が次の式で表される点 (x, y) について、速度ベクトルと、速度の大きさを求めてみましょう。

(1) $x=2t$, $y=-t+2$ 　　(2) $x=\cos t$, $y=\sin t$

(3) $x=t^2$, $y=t^2-2t$

⇨《¥第１７講¥第１７講練習２》

接線の傾き

 さっきの関数 $x=20t,\ y=-5t^2+20t$ では、

$$\vec{v}=(20,\ -10t+20)$$

だっただろう。これを図で表すと下のようになる。

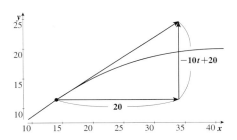

　当たり前のことだけど、速度ベクトルは接線の方向を向いている。接線の傾きは $\dfrac{dy}{dx}$ だったから、この場合、

$$\frac{dy}{dx}=\frac{-10t+20}{20}=\frac{\dfrac{dy}{dt}}{\dfrac{dx}{dt}}$$

だということになる。

 先生の説明はよくわかるけど、これって何に使うんですか。

先生 $x=20t,\ y=-5t^2+20t$ みたいに、y が x の関数で表されていなくて変数 t によって関係が決まるようなものを、媒介変数表示の関数っていうんだ。

この場合、媒介変数というのはもちろん t のことだ。この例では、t を消去して y を x で表すのは簡単だけど、$x = t - \sin t$, $y = \cos t$ みたいに t を消去するのが難しいものもある。そんなときでも、y を x で微分することができるよっていうことなんだ。

「x と y の直接の関係は難しくて関係式がわからないのに、$\dfrac{dy}{dx}$ はわかっちゃうぞ」ってこと。

先生 そうだ。

久美 それって、何か面白いわね。ちょっとしたミステリーって感じ。

先生 ミステリーでもなんでもなく、はっきりした事実です。次の授業で具体例を扱うから、お楽しみに。

大介 はい、はい。

先生 それと言い忘れたけど、媒介変数は t だけとは限らない。s や θ などいろんなものがある。ただ、どんな文字でも扱い方は t の場合と同じだということを覚えておこう。

媒介関数表示の関数の導関数

x, y が媒介変数 t の関数であるとき、

$$\frac{dy}{dx} = \frac{\dfrac{dy}{dt}}{\dfrac{dx}{dt}}$$

第18講 サイクロイド

直線上を円が転がるとき、円周上の1点の軌跡をサイクロイドといいます。ここではサイクロイドの性質を微分を使って調べてみます。

サイクロイド

 原点でx軸に接する半径1の円がある。この円の円周上にあって、今、原点と重なっている点をQとする。この円がx軸上を滑らないで転がるとき、点Qが描く軌跡をサイクロイドっていうんだ。《¥第18講¥サイクロイド》にファイルを作っておいたから、開いてごらん。パラメータtを動かすと、円が転がって曲線ができるよ。

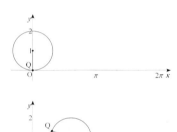

 アッ。僕、この曲線を見たことあるよ。

 それって、どんなときなの。

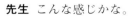 自転車の車輪のところに反射板をつけて走っているのがあるだろう。それを夜に見たら反射板のところが光るから、目に残像が残って曲線が見えるんだ。

先生 こんな感じかな。

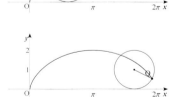

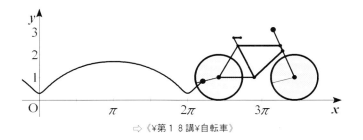

⇨《¥第１８講¥自転車》

 わっ、すごい。できすぎだよ。この図。でも、こんな感じだった。

先生 これは、動いている点が円の内部にあるから、トロコイドといってサイクロイドとはすこ〜し違うんだ。ただ、描画方法は同じだから、サイクロイドを理解するのにはぴったりの素材だといえる。

久美 こんな曲線が身近に走っているなんて、驚きだわ。これからは夜の自転車をよく見なくっちゃね。

大介 そうそう、交通安全のためにもね。

久美 それとは、関係ないでしょ。

サイクロイドの方程式

円が１秒間で１ラジアン回転するとすると、t 秒間で t ラジアン回転する。だから、円の中心の座標を $P(P_x, P_y)$ とすると、

$$x = P_x - \sin t$$
$$y = P_y - \cos t$$
————①

になる。

ところで、円は転がっただけ進むから、右下図で、弧QRの長さと線分ORの長さは等しい。さて、弧QRの長さをtで表すとどうなるかわかるかな。

それはね。この間の三角関数のときに得意になったんだ。半径1の円で中心角がtラジアンだから、弧の長さもtだよ。

大介君、すごい。

大介 たまにはね。

先生 これで OR=t だということがわかるから、

$$P_x = t$$

になる。もちろん、PR=(半径)=1だから、

$$P_y = 1$$

これをさっきの①に代入して、

$$x = t - \sin t$$
$$y = 1 - \cos t$$

これがサイクロイドの方程式なんだ。

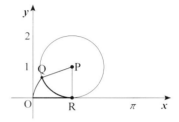

タイヤ上の点の速度

サイクロイドは、自転車のタイヤ上の点の軌跡だと考えていいから、

$$x = t - \sin t, \quad y = 1 - \cos t$$

第18講 サイクロイド 193

の導関数を調べれば、タイヤ上の点の速度がわかる。

**** タイヤってどこでも同じように回ってるから、速度はどこでも同じじゃないの。

先生 そうでもないよ。タイヤは前進しながら回転しているからね。試しに微分して、速度ベクトルを求めてごらん。

**** $\dfrac{dx}{dt} = 1-\cos t$, $\dfrac{dy}{dt} = \sin t$ だから、速度ベクトル $\vec{v}$ は

$$\vec{v} = (1-\cos t, \sin t)$$

です。

先生 そうだね。そうすると速度の大きさ、つまり速さ $|\vec{v}|$ は、

$$\begin{aligned}|\vec{v}|^2 &= (1-\cos t)^2 + \sin^2 t \\ &= 1 - 2\cos t + \cos^2 t + \sin^2 t \\ &= 2(1-\cos t) \\ &= 2y \end{aligned} \qquad ①$$

久美 へぇ、すごく簡単な式になるんだ。

先生 だから、サイクロイドは面白いんだ。

久美 先生、楽しそうね。

先生 うん、楽しいよ。それでだ、

$$|\vec{v}| = \sqrt{2y}$$

となるから、y が最大のとき速さが最大になる。

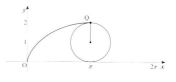

大介 y が最大って、一番高いところになるっていうことかな。

**** その通り。これは、次のように考えるとよくわかるよ。まず、タイヤは回転しているから、どこの点でも同じだけの回転速度がある。

大介 風車のような図だね。

先生 一方、タイヤは前進しているから、どこでも同じように前へ進む速度がある。

久美 タイヤは動いてますって感じね。

先生 このベクトルの和が、実際の速度だから、タイヤの最上部が一番速いんだ。

大介 そうか、だからか。

先生 何のことだい。

大介 タイヤカバーがないマウンテンバイクに乗ったとき、背中に泥が付くわけ。こんなに上向きのベクトルがあるんだ。

先生 ああ、そうだね。言われてみれば、そんな感じだな。

あれっ、先生。一番下の点の速度ベクトルは、長さがないっていうか、図では点になってしまっているけど、どうしてですか。

先生 それはね、$|\vec{v}| = \sqrt{2y}$ だったよね。点が一番下にあるというのは、つまり、$y=0$ だよね。だから、$|\vec{v}|=0$。つまり $\vec{v}=\vec{0}$ になる。

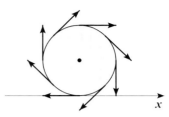
タイヤの回転速度ベクトル

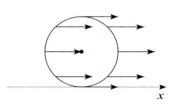
タイヤの前進速度ベクトル

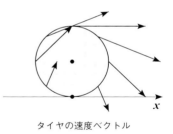
タイヤの速度ベクトル

大介 速度がゼロ。それって、おかしいよ。だって、タイヤは動いているんだから。

先生 うん、それはね、こういう説明でどうかな。

久美 あれっ。先生の目が輝いたよ。

えーと、一番下の点は、地面に接しているだろう。で、
 1．地面は止まっている。

第18講 サイクロイド

2．タイヤの最下点と地面は滑らない。

　だから、タイヤの最下点は止まっているんだ。ただし、これは瞬間のことだから、その点がずっと止まっているわけじゃない。つまり、止まっている点は、どんどん次の点に入れ替わっている、ということさ。どうだい。こんな説明でわかったかな。

大介 そう言われると確かにそうだけど……やっぱり不思議だなあ。

先生 それにだ、タイヤの地面との接地点が止まっていないというのは、スリップしているってことだろ。今、サイクロイドは、"滑らないで"という条件で考えているから、当然なんだ。

大介 そうか、先生のバイクの発進とは違うんだ。

久美 どういうこと？

大介 キュルキュルキュルーンって、タイヤを鳴らしながらスタートするんだ。

そんなことしてないだろ。人聞きが悪いなぁ。大介は、創作能力が高いよ。まったく!!

先生、また、これもファイルを用意してあるんじゃない。"自転車"みたいに。

すごいなぁ、久美は。予知能力抜群だよ。今回のファイルは、この動きをアニメっぽく見られるようにしておいたからね。GRAPESで見れば、納得できると思うよ。ファイル名は、《¥第18講¥サイクロイド＿速度》、是非見てくれよ。

久美 先生、"自転車"のファイルよりいいでき。　⇨《¥第18講¥サイクロイド＿速度》

先生 そうだなぁ、どっちもいいできだよ。

196　第18講　サイクロイド

サイクロイドの接線

 次に、サイクロイドの接線を求めてみよう。そのためには、まず接線の傾きを求める必要があるけど、どうすれば求められるんだったかな。

 接線の傾きだから、$\dfrac{dy}{dx}$ を計算するんでしょう。

先生 そうだよ。計算してごらん。

久美 サイクロイドって、$x=t-\sin t$, $y=1-\cos t$ でしょう。どうやって y を x で微分するのかしら。

先生 あれっ。もう忘れてる。前回の講義で話したじゃないか。

久美 じゃ、ノートを見なくちゃ……。あったわ。

$$\frac{dy}{dx} = \frac{\dfrac{dy}{dt}}{\dfrac{dx}{dt}}$$

って書いてある。これにさっきの計算結果を代入すればいいのね。

$$\frac{dx}{dt} = 1-\cos t, \quad \frac{dy}{dt} = \sin t$$

だったから、

$$\frac{dy}{dx} = \frac{\sin t}{1-\cos t}$$

です。

先生 やっと求まったね。これをもとに接線の方程式を求めてみよう。サイクロイド上の点は、$(t-\sin t, 1-\cos t)$ だから、接線の方程式は、

第18講 サイクロイド 197

$$y - (1-\cos t) = \frac{\sin t}{1-\cos t}\{x - (t-\sin t)\}$$

になる。GRAPESで、これのグラフをさっきのサイクロイドに重ねて描いてごらん。

$y = \dfrac{\sin t}{1-\cos t}\{x - (t-\sin t)\} + (1-\cos t)$

にすればいいんだから……できたよ。パラメータ t を動かすと円や接線が動いて気持ちいいね。

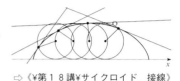

⇨《¥第１８講¥サイクロイド__接線》

先生 そう思うだろ。さあ、読者の皆さんもやってみましょうね。

サイクロイドの法線

 次にサイクロイドの法線を描いてみよう。
 法線って何ですか？
先生 曲線上の点を通って、接線に垂直な直線を法線っていうんだ。
大介 なーんだ。仏教用語かと思ったよ。
先生 それでね、２直線が垂直なとき、これらの直線の傾きの積は -1 になるから、これを使えば法線の傾きを求められるね。サイクロイド上の点 $P(t-\sin t, 1-\cos t)$ について法線の傾きを求めてごらん。
久美 えーと、接線の傾きは、

198　第18講　サイクロイド

$$\frac{dy}{dx} = \frac{\sin t}{1-\cos t}$$

だったから、法線の傾きを k としたら、

$$\frac{\sin t}{1-\cos t}k = -1$$

でしょう。だから、

$$k = -\frac{1-\cos t}{\sin t}$$

先生 そうだ。これをもとに法線の方程式を求めると、

$$y - (1-\cos t) = -\frac{1-\cos t}{\sin t}\{x - (t - \sin t)\}$$

それじゃ、これのグラフを描いてごらん。パラメータを動かすと、きっと何か発見できるよ。

大介 何も見つからないよ。

それじゃ、表示領域を縦方向に広げて、法線に残像を残してごらん。

すごい。きれいよ。

先生 法線に囲まれて曲線が浮かび上がるだろう。サイクロイドの面白いところは、この曲線もまたサイクロイドになっていることなんだ。

大介 ほんとだ。どんな曲線でもそうなってい

サイクロイドの接線と法線

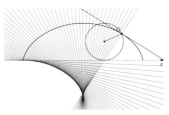

⇨《¥第１８講¥サイクロイド＿法線》

るのかな。

先生 さあどうかな。自分で試してごらん。

先生のちょっと一言
【《¥第１８講¥法線０》の使い方】
　このファイルは、$a \leqq t \leqq b$ の範囲で、曲線 $x=f(t), y=g(t)$ のグラフと法線を描きます。パラメータ a, b を動かせば、描画領域が変化します。また、関数 $f(x), g(x)$ を変えれば別の曲線を描くことができます。法線を描く細かさは、パラメータ t の増減幅で決まります。
　なお、関数 $f(x), g(x)$ は、x の関数として入力してください。例えば、
$$x = t - \sin t, \ y = 1 - \cos t$$
であれば、
$$f(x) = x - \sin x, \ g(x) = 1 - \cos x$$
とします。
　《¥第１８講¥法線１〜５》は、関数をいくつか紹介するファイルです。
　また、《¥第１８講¥縮閉線０〜５》も見てください。この２種類のファイルを見比べると面白いよ。

　曲線に囲まれた部分の面積を求めるとき、小さな部分に分けて考えるとうまく求まることがあります。

曲線に囲まれた部分の面積

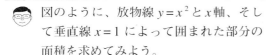
図のように、放物線 $y=x^2$ と x 軸、そして垂直線 $x=1$ によって囲まれた部分の面積を求めてみよう。

三角形の面積とか台形の面積の求め方なら知っているけど、こんな形の面積ってどうやって求めるの？

小学校のときにやったような気がするよ。確か、小さな正方形を敷き詰めてそれを数えたような……。

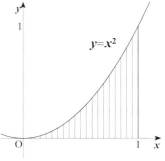

久美 でもそれだったら、隙間ができるでしょう。

大介 正方形を小さく小さくすれば、隙間は小さくなるけど……。それでも隙間はなくならないね。

先生 そうだね。どんなに小さな正方形を使っても隙間は完全にはなくならない。でも、面積の基本は正方形や長方形だから、この方法は基本に忠実な方法だといえる。次に紹介する区分求積法というやり方もこれの発展形なんだ。

区分求積法 1

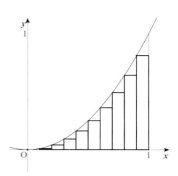

 面積の基本は長方形だから、対象図形を小さな長方形に分けてみる。右の図みたいに細かく切って、長方形部分の面積を求めるんだ。

 でも、この場合もさっきと同じで、放物線と長方形の間に隙間があるから、長方形の面積を合計しても放物線の面積にならないんじゃないですか。

先生 そうなんだ。これは面積の近似値なんだ。だから……。
あれっ、今、久美は、何の面積って言った？

久美 「放物線の面積」ですけど。

先生 それはね、こう言わなくちゃダメなんだ。
「放物線 $y=x^2$、x 軸、垂直線 $x=1$ によって囲まれた部分の面積」。

久美 いちいちそんな長い呪文みたいなこと言うの、いやです。短く、「放物線の面積」って呼ぶことにしましょ。

大介 そうだよ。ここだけなら、先生が決めていいでしょ。

先生 でも……、うーん。そう決めようか。

久美 やったぁ、先生ステキ。

 で、だ。長方形の面積はあくまでも「放物線の面積」の近似値だというわけ。でも、それは後回しにして長方形部分の面積を求めてみよう。
まず、区間 $0 \leqq x \leqq 1$ を10等分すると、x 座標は左から順に、

$$x = 0, \frac{1}{10}, \frac{2}{10}, \frac{3}{10}, \cdots, \frac{9}{10}, 1$$

になる。このとき長方形の高さは、放物線のy座標だから、

$$x^2 = 0, \frac{1^2}{10^2}, \frac{2^2}{10^2}, \frac{3^2}{10^2}, \cdots, \frac{9^2}{10^2}$$

になる。長方形の幅は$\frac{1}{10}$だから、これらの面積の和は、

$$S = \frac{1}{10}\left(0 + \frac{1^2}{10^2} + \frac{2^2}{10^2} + \cdots + \frac{9^2}{10^2}\right)$$

$$= \frac{1}{10^3}\left(1^2 + 2^2 + \cdots + 9^2\right)$$

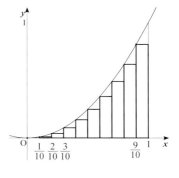

大介 う〜ん……。数列の和だなんて、これは不意打ちだよ。

先生 2乗の和の公式を使うんだ。

$$1^2 + 2^2 + \cdots + n^2 = \frac{1}{6}n(n+1)(2n+1)$$

だったね。

大介 そうすると、$1^2 + 2^2 + \cdots + 9^2 = \frac{1}{6} \times 9 \times 10 \times 19 = 285$ だから、これを面積Sの式にあてはめて、

$$S = \frac{1}{10^3} \times 285 = 0.285$$

ですか。

先生 その通りだ。

久美 でも、これは長方形の面積の和なんでしょう。放物線の面積じゃないわ。

🧑 もちろんそうさ。さっきの話の「隙間」を解決しないといけないね。
　実はね、隙間の面積を求めるのは難しいんだ。ただ、隙間を小さくするのは簡単にできる。今は、区間を10等分したけれど、これをどんどん細かくして、20等分とか100等分とかにしていけば、隙間はいくらでも小さくなるだろう。

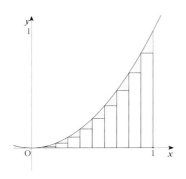 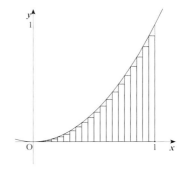

🧑 ほんとだ、隙間が狭くなってるよ。
先生 そこで、区間をどんどん細かく分けていったときにSの値がどうなるかを調べてみよう。区間を20等分すると、Sの式はどうなるかな。
久美 これは、10等分のときとほとんど同じですね。

$$S = \frac{1}{20}\left(0 + \frac{1^2}{20^2} + \frac{2^2}{20^2} + \cdots + \frac{19^2}{20^2}\right) = \frac{1}{20^3}\left(1^2 + 2^2 + \cdots + 19^2\right)$$

です。
先生 そうだね。
久美 $1^2 + 2^2 + \cdots + 19^2 = \dfrac{1}{6} \times 19 \times 20 \times 39$ よね。間違えずに計算できるかしら。
先生 忘れていたよ。GRAPESで見るためのファイルを作ってあったんだ。

《¥第１９講¥区分求積》っていうファイルを開いてごらん。

大介 これだね。

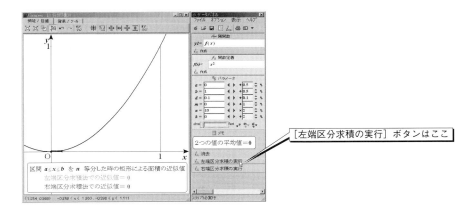

先生 そうそう。これは、$f(x)=x^2$という関数について、区間$0≦x≦1$をn等分して長方形で面積を求めるようになっている。［左端区分求積の実行］をクリックすると、今やっている面積が求まるんだ。

大介 そりゃ便利だ。

久美 やってみるわ。［左端区分求積の実行］をクリックね。わっ。すごい。長方形が出てきて、下のほうのメモボックスには、「左端区分求積法での近似値＝0.285」なんて出てる。

先生 これは、区間を10等分したときの長方形の面積の和が表示されているんだ。

大介 20等分するにはどうすればいいんですか。

先生 nに代入した値で等分されるんだ。だか

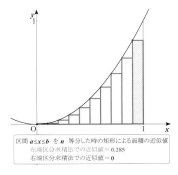

第19講　区分求積法　205

ら、$n=20$ として、左端区分求積を実行するといいよ。

久美 $n=20$ で、[左端区分求積の実行] をクリックね。

大介 面積の和は、0.30875なんだね。

久美 これって、n の値をどんどん大きくしていくとどうなるのかしら。

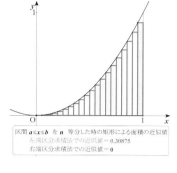

§練習1　n にいろいろな値を代入して、面積を求めてみてください。

面積の極限

 この"区分求積"を使った場合、n が大きな値になると計算にすごく時間がかかってしまう。そこで、n の値を大きくしていくとどうなるのか、文字式の計算で確かめてみよう。さっきのグラフで区間を n 等分すると、面積 S はどのようになるかな。

 えーと、$n=10$ のときが、

$$S = \frac{1}{10^3}\left(1^2 + 2^2 + \cdots + 9^2\right)$$

だったから、一般には、

$$S = \frac{1}{n^3}\left\{1^2 + 2^2 + \cdots + (n-1)^2\right\}$$

です。きっと。

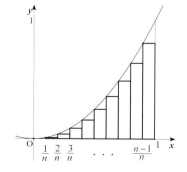

先生 そうだね。2乗の和の公式を使って、もう少し変形しておこう。

$$S = \frac{1}{n^3} \times \frac{1}{6}n(n-1)(2n-1)$$
$$= \frac{1}{6}\left(\frac{n}{n}\right)\left(\frac{n-1}{n}\right)\left(\frac{2n-1}{n}\right)$$
$$= \frac{1}{6}\left(1-\frac{1}{n}\right)\left(2-\frac{1}{n}\right)$$

だ。この式で、n を大きくしていくと S の値はどうなるか考えてごらん。

大介 n をどんどん大きくすると、$\frac{1}{n}$ は 0 に近づいていくね。

 わかったわ。

$n \to \infty$ のとき、$\frac{1}{n} \to 0$ だから、

$$S \to \frac{1}{6} \times (1-0) \times (2-0)$$

なのよ。

先生 そうだね。

$$\lim_{n \to \infty} S = \frac{1}{3}$$

になる。これが放物線の面積だ。

大介 ふーん。

先生 どうしたんだ。

 ぴったり $\frac{1}{3}$ になるなんて、ちょっとびっくり。

第19講　区分求積法　207

§練習2　下図斜線部分の面積を求めてください。

(1)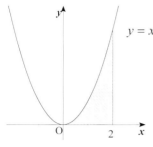

(2)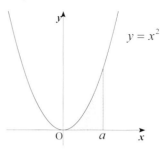

区分求積法 2

　　さっきから気になっていたんだけど、n をどんどん大きくしていったら、ひとつひとつの隙間は小さくなっていくけど、隙間の個数も増えていくでしょう。ほんとに隙間の面積の合計も小さくなっていくのかしら。

　　そうだな。n をどんどん大きくしたときに面積がどのようになるかは調べたけど、それで本当に放物線との隙間が埋まるのかどうかはまだ確かめていなかったよな。それでは、これからそれをGRAPESで確かめてみよう。

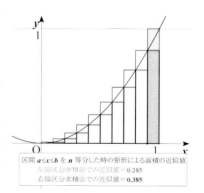

久美　はい。

先生　"区分求積"で、さっきは［左端区分求積の実行］をクリックしたけど、今度は［右端区分求積の実行］をクリックしてごらん。

［右端区分求積の実行］をクリックだよね。これは、グラフを覆うような感じだね。それに、面積の和もさっきのよりだいぶ大きいよ。

先生　放物線の面積は、左端区分求積と右端区分求積の間にあるだろう。だから、この2つの面積の差が、n を大きくしていったときに、限りなく0に近づくことを確かめればいいんだ。

久美　じゃ、2つの面積の差を求めてみるわ。

　　　　$0.385 - 0.285 = 0.1$

　もっと、ぐちゃぐちゃの値になるかと思ったけど、不思議ときれいな値になるのね。

種明かしをすると、こうなっているんだ。大きな長方形と小さな長方形の面積の差を考えると、図の斜線部の長方形になる。これの幅はどれも0.1で高さの和は1だから、斜線部の面積の和は、

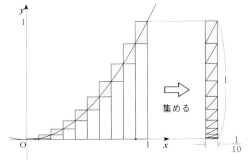

　　　　$0.1 \times 1 = 0.1$

になるんだ。

大介　ふ〜ん。「長方形の幅×放物線の高さ」になってるんだ。

§練習3　$n=20$ のときにも、面積の差が「長方形の幅×放物線の高さ」になっていることを確かめてみてください。

さて、

面積の差＝長方形の幅×放物線の高さ

だったけど、長方形の幅は $\frac{1}{n}$ で、放物線の高さは n の値に関係なくいつでも 1 だから、

面積の差 $=\frac{1}{n}$

になっているのがわかるね。そこで、次の図のように 3 つの面積を A, S, B とすると、

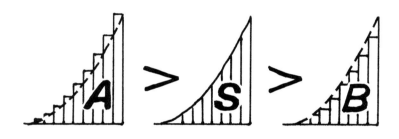

A と B の差が $\frac{1}{n}$ だから、n を大きくしていくと、どんどん A と B は同じ値に近づいていくわけだ。つまり、その間にある S も当然同じ値に近づくってわけだ。

それで、放物線と長方形の隙間がいくらでも小さくなって、放物線の面積が求まるのね。

区分求積法を使えば、曲線に囲まれた部分の面積を求めることができました。ここでは、区分求積法の考えを一般化した定積分を扱います。

定積分

第19講の区分求積法のやり方を一般的に書くと次のようになる。関数 $y=f(x)$ と x 軸、そして垂直線 $x=a$ と $x=b$ によって囲まれた部分の面積を求めるには、

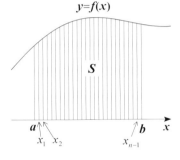

(1) 区間 $a \leqq x \leqq b$ を n 等分して、左から順に $x_0=a, x_1, x_2, \cdots, x_{n-1}, x_n=b$ とし、n 等分した小さな区間の幅を Δx とする。

(2) 各区間の左端の高さ、つまり関数の値は、

$$f(x_0), f(x_1), f(x_2), \cdots, f(x_{n-1})$$

だから、これらと区間の幅 Δx との積の和を求めて、これを S_n とする。つまり、

$$S_n = f(x_0)\Delta x + f(x_1)\Delta x + \cdots + f(x_{n-1})\Delta x$$

(3) $n \to \infty$ のときの S_n の極限値 $\displaystyle\lim_{n \to \infty} S_n$ を求める。

という計算をすればいい。

 じゃ、はじめから無限に細い長方形を考えて、それの面積の和を求めたらいいんじゃないの。

先生 それはいい考えだけど、無限に細い長方形なんていうのは実際には存在しないから、ダメなんだ。だから、どんどん細くしていって、その極限がどうなるかを調べるんだ。

 でも気持ちは、「幅が無限に細い長方形」でいいんですよね。

先生 そうそう、気持ちの上では、そういうこと。

先生 ところで、前ページの(1)から(3)のようにして面積を求めることができるけど、関数によっては(2)の部分で $f(x_i)$ の値が負になることがある。このときは、求まる値が面積とは違うだろう。それに、このやり方は面積以外にもいろいろと使えることがわかっている。そこで、(1)から(3)のようにして求めた値を、一般に、「$x=a$ から b までの $f(x)$ の定積分」といって、

$$\int_a^b f(x)\,dx$$

で表すんだ。そして、この値を求めることを、「$x=a$ から b まで $f(x)$ を積分する」というんだ。例えば、前回求めた放物線の面積は、「$x=0$ から 1 までの x^2 の定積分」で、積分の記号で表すと、

$$\int_0^1 x^2\,dx$$

となる。

久美 その記号 " $\int$ " はどう読むんですか。

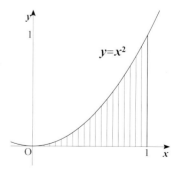

先生 これは「インテグラル」っていってね、

$$\int_a^b f(x)\,dx$$

は、「インテグラル a から b まで $f(x)\,dx$」と読むんだ。

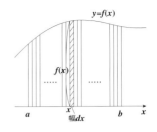

大介 変な記号だね。

先生 一見不思議な記号だね。でも、これはすごくよくできた記号なんだ。定積分というのは、気持ちとしては、「無限に細い長方形の和」だったろう。そこで、無限に細い幅を dx、長方形の高さを $f(x)$ とすると、面積は $f(x)\,dx$ になる。

次に " $\int_a^b$ " だけど、無限に小さい面積 $f(x)\,dx$ を、変数 x について、a から b まで加えるという意味なんだ。そうすると、$\int_a^b f(x)\,dx$ は全体の面積を表すだろう。

> **先生のちょっと一言**
>
> 記号 " $\int$ "（インテグラル）は、ラテン語で "和" を表す単語 "Summa" の頭文字Sの古い形をもとに、1675年にライプニッツが積分記号に用いたのが始まりです。

久美 私も変な記号だなって思ったけど、よく考えられてるんですね。

先生 この記号がすごいのは微分との関連がよく考えられていることなんだ。

久美 そういえば、微分の記号 $\dfrac{dy}{dx}$ の dx や dy も気持ちとしては無限に小さい幅だったわ。

先生 話を元に戻そう。前講の練習2の(2)（208ページ）を定積分を使って表すとどうなるかな？

大介 えーと。$x=0$ から a まで関数 x^2 を積分するんだから、$\int_0^a x^2 dx$ です。

先生 そうそう。答えは確か $\dfrac{a^3}{3}$ だったから、

$$\int_0^a x^2 dx = \dfrac{a^3}{3}$$

というわけだ。

整関数の定積分

今、話していたことは、2次関数の定積分については、$\int_0^a x^2 dx = \dfrac{a^3}{3}$ が成り立つってことだよね。じゃ、ほかの関数についても、成り立つかどうか調べてみよう。

まずは、定数関数と1次関数だ。$\int_0^a 1 dx$ や $\int_0^a x dx$ がどうなるか、考えてごらん。

もしかして、あの数列の和を計算するんですか。

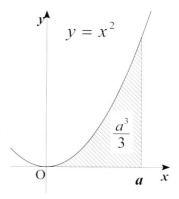

先生 そうだね。
大介 うーっ。体調が……頭が痛く……。
先生 まったく……。でもね、実はこの定積分は面積で考えれば簡単なんだ。
大介 なあんだ。だったらはじめからそう言ってくれればいいのに。
先生 $\int_0^a 1\,dx$ だったら、$x=0$ から a までの $y=1$ の定積分だから、右図の面積になるんだよね。

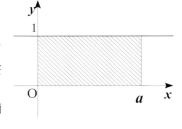

大介 これだったら、長方形の面積だから、簡単。

$$\int_0^a 1\,dx = a \times 1 = a$$

になるね。

 次も同じように考えれば、$\int_0^a x\,dx$ は、$x=0$ から a までの $y=x$ の定積分だから、図の三角形の面積でしょう。

$$\int_0^a x\,dx = \frac{1}{2} \times a \times a = \frac{a^2}{2}$$

です。

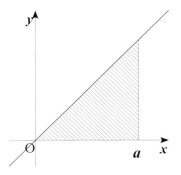

先生 なかなかいい調子だ。
久美 これって、誰でも知ってる面積を求めただけだけど、何か意味あるんですか。

 それがおおあり。今まで調べたことを並べてみるぞ。

$$\int_0^a 1\,dx = a \quad (これを、\int_0^a dx = a \text{ と書いたりする})$$

$$\int_0^a x\,dx = \frac{a^2}{2}$$

$$\int_0^a x^2\,dx = \frac{a^3}{3}$$

これを見たら、$\int_0^a x^3\,dx$ がどうなるか予想できるだろう。

大介 これも易しいね。

$$\int_0^a x^3\,dx = \frac{a^4}{4}$$

だよ。

先生 だろう。一般的には、

$$\int_0^a x^n\,dx = \frac{a^{n+1}}{n+1} \quad (n は自然数)$$

となるんだ。

定積分の性質1

　この公式があれば、細かく切って、それを足して、どんどん細かくして……なんて計算はもういらないんだ。定積分の計算は楽々だね。

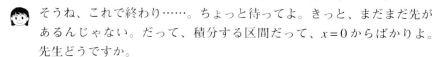

そうね、これで終わり……。ちょっと待ってよ。きっと、まだまだ先があるんじゃない。だって、積分する区間だって、$x=0$ からばかりよ。先生どうですか。

鋭いね。まだまだ先があるよ。久美の言った通り、積分する区間が $x=0$

からじゃないときはどうするか問題だろ。それに、関数だってx^nしかやってないじゃないか。

ところで大介、この間まで、どんな関数を微分したっけなぁ。

大介 えっと、三角関数や指数、それに対数関数……。そうそう、どれも微分できるようになりました。

先生 そうだよね。定積分はまだ入り口にさしかかったところだから、これで終わりだと思ったら間違いです。

大介 でも、この講だって結構、難しいよねっ。

先生 そりゃそうだ。積分する関数ごとに工夫をして求めていくんだから、これは大変だ。これに関しては、ニュートンやライプニッツが大発見をするんだが、それは次に回すことにして、定積分に関するいくつかの性質をまとめておこう。

久美 そうね、途中途中でまとめをするのは大切ね。微分のときもそう思ったもの。

大介 そりゃそうだ。

先生 ではまず、久美が言っていた積分する区間について考えてみようか。

今までの積分は、積分する区間が、$x=0$で始まるものしか扱ってこなかった。でも実際には、$\int_1^2 x^2 dx$なんていう積分も使うことがある。

大介 これだったら特別なこと考えなくても、

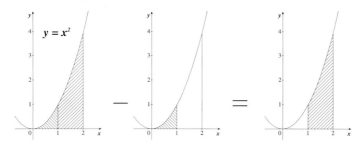

なんだから、簡単に求まるんじゃないの。
先生 そうだね。これを積分で表すと、

$$\int_1^2 x^2 dx = \int_0^2 x^2 dx - \int_0^1 x^2 dx$$

ということになる。

久美 わかったわ。積分する区間が $x=0$ で始まらないときには、差を求めればいいんですね。

先生 その通り。一般には、次のようになる。

$$\int_b^c f(x)dx = \int_a^c f(x)dx - \int_a^b f(x)dx$$

定積分の性質 2

それからね、定積分の定義のところで、関数 $f(x)$ の代わりに $f(x)+g(x)$ や $kf(x)$ を入れてみるとわかることだけど、

$$\int_a^b \{f(x)+g(x)\}dx = \int_a^b f(x)dx + \int_a^b g(x)dx$$

$$\int_a^b kf(x)dx = k\int_a^b f(x)dx \quad (kは定数)$$

が成り立つ。

まず、ひとつめはこんなイメージかな。

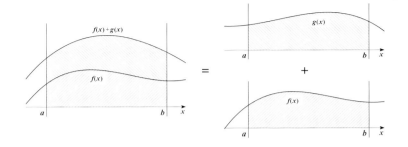

👧 ２つの関数を足した場合は、それぞれバラバラに計算しておいて、あとで足せばいいってことですね。

先生 そうそう。２つめも図にするとこんな具合かな。

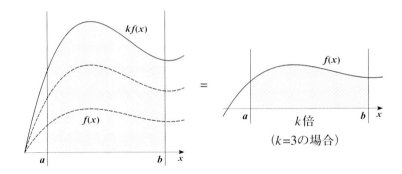

大介 先生の図は、３倍のときの図でしょ。つまり、関数が３倍になれば、定積分してからあとで３倍にすればいいんだ。つまり、公式としては、k 倍ということでしょ。

先生 その通り。

大介 公式はわかった。けれど、どんな風に使うの。

第20講 定積分 219

先生 そういうときは、具体例が一番。例えば、$\int_0^2 (x^2 + 2x)\,dx$ を計算すると
しよう。

　まず、上のほうの公式で、

$$\int_0^2 (x^2 + 2x)\,dx = \int_0^2 x^2\,dx + \int_0^2 2x\,dx$$

と分けることができる。

久美 そうね、バラバラにすればいいんだから。

先生 次に、下のほうの公式を使って、

$$\int_0^2 2x\,dx = 2\int_0^2 x\,dx$$

になるだろ。

大介 2倍されたら、あとから2倍する。

先生 だから、この積分は次のように計算できる。

$$\int_0^2 (x^2 + 2x)\,dx = \int_0^2 x^2\,dx + 2\int_0^2 x\,dx$$
$$= \frac{2^3}{3} + 2 \times \frac{2^2}{2}$$
$$= \frac{20}{3}$$

大介 あっ。どこかでこんな関係見てないかなぁ。

私もそう思っていたわ。これって、私が標語にした「和は和」と「倍は
倍」じゃないの。

先生 そうだね。まさに、「和は和」と「倍は倍」だよね。久美が標語にした
この2つの性質は、名前があるんだ。

大介 えっ、もう本当は標語になってたんだ。

220　第20講　定積分

「標語」というわけじゃないけれど、この2つの概念を合わせて「線形性」っていうんだ。

久美 ふーん、線形性っていうの。

先生 元々は、正比例のような関係って言ったらいいのかな。つまり、正比例 $y=ax$ で、x を2倍したら y は2倍になるよね。

大介 そりゃそうだ。だから「倍は倍」か。

先生 それから、x に x_1+x_2 を代入すると、$y=a(x_1+x_2)$ だから、ax_1+ax_2 となって、「和は和」となる。

久美 そうか。正比例の持っている性質に似てたんだ。だから、「普通」って感じがしたのね。

だけど、久美ちゃんは、なんかすごいよ。

先生 そうだね、数学のセンスいいんじゃないかな。

えっ、照れちゃいます。うふっ（笑）。

§練習1　次の定積分の値を求めてみましょう。

(1) $\displaystyle\int_1^4 x^2\,dx$　　(2) $\displaystyle\int_1^2 x^3\,dx$　　(3) $\displaystyle\int_0^1 (3x^2+2x)\,dx$

積分変数

先生 そうそう、ひとつ大切なことを言い忘れていたよ。

大介 もう、授業は終わりかと思っていたのに。

先生 ごめんごめん。実は、積分変数のことなんだ。

なんですか、積分変数って。

先生 定積分 $\displaystyle\int_a^b f(x)\,dx$ の dx のところに使われている変数 x のことを「積分変数」っていうんだ。

第20講　定積分　221

久美 その変数をわざわざ取り出して名前を付ける意味はあるんですか。

先生 今までは、関数を表す変数はほとんど x だったろう。でもね、ほかの文字を使うこともよくあるんだ。例えば、運動を扱ったりするときには、変数として時刻を表す文字 t をよく使うのは知ってるだろう。

大介 うん。速度・加速度のところでも出てきてたね。

先生 よく覚えていたね。

そこで、例えば、$y=t^2$ という関数があるとしよう。これをグラフにしたのが右図だ。この場合、斜線部分の面積は、「関数 t^2 を $t=0$ から 1 まで積分」したものだから、積分変数は t を用いて、

$$\int_0^1 t^2 dt$$

と書ける。

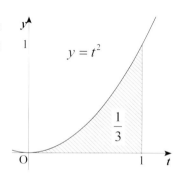

大介 高さが t^2 で、無限に細い幅が dt だからだ。

先生 まったくその通りだよ。

久美 でも、先生。$\int_0^1 x^2 dx$ と $\int_0^1 t^2 dt$ は、変数の名前、というか文字が違うだけでしょ、だったら、面積は同じだと思うんですけど。

先生 そう。どちらも値は同じだよ。方程式 $2x-1=0$ と $2t-1=0$ みたいなものだね。

久美 使っている変数は違っていても、結果は同じなんですね。

大介 なぁーんだ。じゃ積分変数を変えても結果は変わらないということか。

そうなんだ、提出されたレポートの名前は違っても、内容がまったく同じ、君たちのレポートみたいなもんだ。

そんなことないです……。あっ、大ちゃんが写したんだ。そうでしょ。

えっ、違うよ。「真実はひとつ」でしょ。だから、同じになるんと違うかなぁ（笑）。

先生 そういうことに、しておこうか。

微分と積分は一見すると何の関係もないように見えますが、この2つはとっても深い関係があるのです。ここでは、積分と微分がそれぞれの逆の関係になっていることを見ていきましょう。

定積分と関数

 前回に求めた定積分の結果をひとつ書いてみよう。

$$\int_0^a x^2 dx = \frac{a^3}{3}$$

これは、x^2 という関数から $\frac{a^3}{3}$ という値が得られたということだ。一般に、関数 $f(x)$ に対して、$\int_0^a f(x)dx$ の値は a によって変化するから、これを $F(a)$ と置くことにしよう。つまり、

$$F(a) = \int_0^a f(x)dx$$

だ。

 先生、少し説明が早すぎますっ。
 僕も。
先生 今の例だと、積分するもとの関数が、

$$f(x) = x^2$$

で、積分の結果得られた値が、

$$F(a) = \frac{a^3}{3}$$

ということだよ。

久美 そうですね。

先生 で、$F(a)$ というのは、文字 a によって値が変化するから、関数と考えてもいいだろう。そこで、文字 a を x に置き換えて $F(x) = \dfrac{x^3}{3}$ とすれば、

$$f(x) = x^2, \quad F(x) = \frac{x^3}{3}$$

だということになる。

大介 ふーん。関数 $f(x)$ から別の関数 $F(x)$ ができるんだ。

そうだね。これを図に描くと、こういう感じかな。

$$\text{関数 } f(x) = x^2 \quad \xRightarrow{\text{積分}} \quad \text{関数 } F(x) = \frac{x^3}{3}$$

大介 じゃ、$\displaystyle\int_0^a x\,dx = \dfrac{a^2}{2}$ だったから、この場合は、$f(x) = x$ で、$F(x) = \dfrac{x^2}{2}$ なんですか。

先生 その通りだよ。それでは、$f(x) = x^3$ や $f(x) = 1$ の場合についても、積分される関数 $f(x)$ と、積分してできた関数 $F(x)$ の対応を調べてごらん。

久美 $\displaystyle\int_0^a x^3\,dx = \dfrac{a^4}{4}$ だから、$F(a) = \dfrac{a^4}{4}$ でしょう。

第21講 微積分の基本定理 225

$$f(x) = x^3, \quad F(x) = \frac{x^4}{4}$$

です。

大介 $\int_0^a 1\,dx = a$ だから、

$$f(x) = 1, \ F(x) = x$$

です。

先生 それでいいんだ。ところで、先へ進む前に関数 $F(x)$ をどんな風に使うのかを簡単に説明しておこう。例えば、

$$\int_a^b f(x)dx = \int_0^b f(x)dx - \int_0^a f(x)dx \quad \text{————} \ ①$$

だろう。それで、

どんな実数 a に対しても、 $F(a) = \int_0^a f(x)dx$

だから、$F(b)$ はどう書ける？

大介 そりゃ、$F(b) = \int_0^b f(x)dx$ ですよ。

先生 ということは、さっきの①式は、どうなるかな。

久美 えっと、

$$\int_a^b f(x)dx = F(b) - F(a)$$

と書けます。

226　第21講　微積分の基本定理

先生 だから、関数 $f(x)$ の定積分は、$F(x)$ を用いて計算できるんだ。
大介 じゃ、$f(x)$ の定積分を求めるには、$F(x)$ を求めればいいんですね。
先生 そういうこと。

微積分の基本定理

 ここで、今まで求めた結果を並べてみるよ。

$$f(x) = x^3, \quad F(x) = \frac{x^4}{4}$$

$$f(x) = x^2, \quad F(x) = \frac{x^3}{3}$$

$$f(x) = x, \quad F(x) = \frac{x^2}{2}$$

$$f(x) = 1, \quad F(x) = x$$

さあ、何か気づかないかなあ。

 ええっ。何かなあ……。わかりません。
先生 ヒントは微分だ。
 えっ、「ビブン」？
 わかったわ。$F(x)$ を微分すると $f(x)$ になるのよ。
先生 やっとわかってくれたようだね。そうなんだ。

$$F'(x) = f(x)$$

が成り立つんだ。
大介 ちょっと待ってよ。確か、$F(x)$ って、$f(x)$ を積分してできた関数だよね。それを、微分するともとの関数 $f(x)$ に戻るということ？

先生 その通りだよ。この関係を微積分の基本定理といって、微分と積分を結びつける、とても重要な定理なんだ。

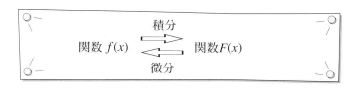

久美 今まで、別々だと思っていた微分と積分が、逆の働きをするものだったなんて、驚きだわ。
大介 今、久美の言葉で気づいたんだけど、……。
先生 なんだい、すごい発見でもしたのかい。
大介 定積分って数列の和を使って求めてたよね。でも、もしかして、微分を使って求めることができるんじゃないのかな。
先生 そうなんだよ。微分の逆で定積分が求まる。これが基本定理のすごいところなんだ。
大介 えへっ、僕が見つけたワケじゃないのに、何かうれしいね。

不定積分

 ２つの関数 $f(x)$ と $F(x)$ の間には、$F'(x)=f(x)$ という関係があることがわかったね。
　一般に、関数 $f(x)$ に対して、

$$F'(x)=f(x)$$

を満たす関数 $F(x)$ を $f(x)$ の原始関数というんだ。例えば、$(x^2)'=2x$ だから、x^2 は $2x$ の原始関数だ。次の関数の原始関数を求めてごらん。

(1) x　　　　(2) $\sin x$

$2x$ の原始関数は x^2 だから、x の原始関数は $\dfrac{x^2}{2}$ です。

$\sin x$ を微分したら $\cos x$ だったから、$\sin x$ の原始関数は、……あれあれ？

先生 そうじゃなくて、微分したら $\sin x$ になる関数を探すんだ。

大介 そうか。$(\quad)' = \sin x$ となる、$(\quad)$ の中なんだ。確か、$(\cos x)' = -\sin x$ だったから、

$$(-\cos x)' = \sin x$$

かな。ということは、$\sin x$ の原始関数は $-\cos x$ です。

先生 そうそう、いい調子だ。ところで、大介、$-\cos x + 2$ を微分してごらん。

大介 簡単だよ。

$$(-\cos x + 2)' = \sin x + 0 = \sin x$$

です。

先生 ということは、$-\cos x + 2$ も $\sin x$ の原始関数だということになる。

久美 ほんとだ。関数の原始関数ってひとつじゃないんですね。

先生 そうだね。

$$-\cos x,\ -\cos x + 1,\ -\cos x + 2,\ -\cos x - \pi$$

みたいに定数部分を変えても、微分したら同じだから、どれも $\sin x$ の原始関数なんだ。ただし、違うのは定数部分だけで、ここはどんな値でもいいから、これをまとめて C と書くことにすると、

$$-\cos x + C$$

と書ける。つまり、

第21講 微積分の基本定理 229

$$\sin x \text{の原始関数は} -\cos x + C \quad (C\text{は定数})$$

というわけだ。

久美 Cって便利な定数なんですね。これひとつで、すべての実数を表しているなんて。

先生 Cはすべての実数の代表みたいなものだ。そこで、この定数Cのことをとくに「積分定数」というんだ。

大介 じゃ、ある関数$f(x)$の原始関数はひとつに定まらないのかな。

 これはグラフを見るとよくわかるよ。例えば、$\cos x$の原始関数は、$\sin x + C$だったろう。積分定数Cはどんな実数の値でもとることができるから、群れになったたくさんのグラフができる。だから、原始関数というのは、関数の群れみたいなものなんだ。

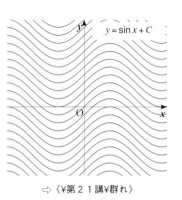

 関数の「群れ」ねえ。牛や馬ならイメージできるけど……（笑）。

 それじゃ、xの原始関数だったら、

⇨《¥第２１講¥群れ》

$$\frac{x^2}{2} + C \quad (C\text{は積分定数})$$

になるんですか。

先生 そうだね。積分定数のCを付けるだけだけど、大切な定数だから、忘れないようにしよう。そうそう、記号を紹介してなかったね。関数$f(x)$の原始関数を、$\int f(x)dx$ で表すんだ。例えば、

$$\int \sin x \, dx = -\cos x + C \quad (C\text{は積分定数})$$

という具合だ。

大介 じゃ、$\displaystyle\int x\,dx = \frac{x^2}{2} + C$（$C$は積分定数）だね。

先生 その通りだよ。

ところで、原始関数というのは、今までの話でもわかるように、積分と密接な関係があるだろう。だから、原始関数のことを「不定積分」ともいうんだ。

久美 それで、原始関数の記号に $\int$ を使うんですね。

§練習1　次の不定積分（原始関数）を求めてください。
(1) $\displaystyle\int 4x\,dx$　　(2) $\displaystyle\int x^2\,dx$

不定積分（原始関数）を求める計算は微分の逆だから、微分の公式をもとにして考えればいい。ただ、この講義では難しい積分の計算は扱わないから、基本のものだけを紹介しておこう。

まず、$(x^{n+1})' = (n+1)x^n$ だから、$n \neq -1$ のとき

$$\int x^n\,dx = \frac{x^{n+1}}{n+1} + C \quad（C は積分定数。以下省略）$$

次に、$\displaystyle (\log|x|)' = \frac{1}{x}$ だから、

$$\int \frac{dx}{x} = \log|x| + C \quad（注：\int \frac{dx}{x} = \int \frac{1}{x}\,dx）$$

三角関数については、$(\sin x)' = \cos x$ だから、

$$\int \cos x\,dx = \sin x + C$$

第21講　微積分の基本定理　231

そして、さっき大介がやったように、

$$\int \sin x \, dx = -\cos x + C$$

指数関数は、$(e^x)' = e^x$ だから、

$$\int e^x \, dx = e^x + C$$

ざっと、こんなところかな。

多くないですか。これほんとに全部、基本？

先生 この程度は、微分の公式を覚えていれば簡単簡単。

ところで、$\sin 3x$ を微分したらどうなるかな。

久美 $(\sin x)' = \cos x$ だから、

$$(\sin 3x)' = 3\cos 3x$$

です。

先生 そうなんだ。で、これを逆に書くと、

$$\int \cos 3x \, dx = \frac{1}{3}\sin 3x + C$$

大介 そうか、微分して 3 倍されるから、もとの関数を $\frac{1}{3}$ 倍しておけばいいんだ。

だから、一般には、

$$\int f(x) \, dx = F(x) + C \ \text{のとき、}$$

$$\int f(ax+b) \, dx = \frac{1}{a}F(ax+b) + C$$

となる。

232　第21講　微積分の基本定理

じゃ、大介、$\cos\dfrac{x}{2}$ を積分してごらん。

大介 $\cos$ の積分は、$\sin$ だけど、微分で $\dfrac{1}{2}$ 倍されるから、2 倍しておけばいいんでしょ、だから、

$$\int \cos\frac{x}{2}\,dx = 2\sin\frac{x}{2} + C$$

です。C も忘れなかったし……。

先生 よし。じゃ、練習問題をしておこうか。

大介 ええっ、もう。

§練習2　次の不定積分を求めてください。
(1) $\displaystyle\int 2x^3\,dx$　　(2) $\displaystyle\int \cos 2x\,dx$

定積分の計算

いよいよ定積分の計算だ。

$$F(a) = \int_0^a f(x)\,dx$$

とすると、

$F'(x) = f(x)$　————①

で、

$$\int_a^b f(x)\,dx = F(b) - F(a)$$　————②

だった。

大介 了解。

先生 それから、$F(b) - F(a)$ だけど、

$$F(b) - F(a) = \left[F(x) \right]_a^b$$

という記号を使うと②は、

$$\int_a^b f(x)dx = \left[F(x) \right]_a^b = F(b) - F(a) \quad\text{———— ③}$$

と書ける。

久美 ちょっと、わからなく……なってきたわ。

そうだな。③式は、定積分の値を求めるときの、計算の手順を示しているんだ。つまり、$f(x)$ の積分を求めるには、まず $F(x)$ を求めて、それから $F(b) - F(a)$ を求めるということなんだ。

うーん、……。そうか、わかったよ。③式の真ん中の「カギカッコ」みたいなのは、ただ単に「上の値を代入したものから、下の値を代入したものを引く」という記号なんだ。

先生が言っていたのは、こういうことですか。つまり、$f(x)$ からいきなり $F(b) - F(a)$ を求めるんじゃなくて、いったん「$F(x)$ を求めて」おいて、それを使って「$F(b) - F(a)$ を求めなさい」ということなんですね。

先生 そうなんだ。だから、「計算の手順」と説明したんだよ。

大介 これって、親切な公式なんですね、先生。

先生 「親切」？

大介 だって、計算のやり方を教えてくれるんでしょ（笑）。

先生 じゃ、もっとよくわかるように、$\int_a^b \cos x\, dx$ を求めてみようか。

久美 図の斜線部分の面積ですね。

先生 そうだよ。$f(x) = \cos x$ としたときの関数 $F(x)$ がわかれば定積分の計算ができるね。

234　第21講　微積分の基本定理

大介 じゃ、$\cos x$ の不定積分を求めればいいんだ。

先生 そういうこと。

$$F'(x) = f(x) = \cos x$$

だから、$F(x)$ は $\cos x$ の不定積分のひとつだね。

$$\int \cos x\, dx = \sin x + C \quad (Cは積分定数)$$

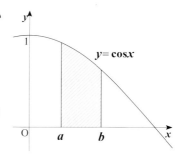

だったから、

$$F(x) = \sin x + C$$

とおける。これを

$$\int_a^b f(x)dx = \bigl[F(x)\bigr]_a^b = F(b) - F(a)$$

に代入すると、

$$\begin{aligned}
\int_a^b \cos x\, dx &= \bigl[\sin x + C\bigr]_a^b \\
&= (\sin b + C) - (\sin a + C) \\
&= \sin b - \sin a
\end{aligned}$$

大介 ふーん、$\sin$ の差なんだ。

久美 積分定数の C は消えてしまうんですね。

 そうだね。積分定数は消えてしまうね。つまり、

$$\int_a^b f(x)dx = \bigl[F(x)\bigr]_a^b = F(b) - F(a)$$

を計算するときの関数 $F(x)$ は、$f(x)$ の不定積分ならどれでもいいんだ。それに、積分定数 C は、どうせ消えてしまうんだから、定積分の計算で

は書く必要はない。そうすると、さっきの積分は

$$\int_a^b \cos x\, dx = \left[\sin x\right]_a^b = \sin b - \sin a$$

となる。

久美 ずいぶん簡単に求まるんですね。

先生 そうだね。ここで、まとめを書いておこう。

$F'(x) = f(x)$、つまり $F(x) = \int f(x)dx$ のとき、

$$\int_a^b f(x)dx = \left[F(x)\right]_a^b = F(b) - F(a)$$

久美 やっぱり「親切」だったわね、この公式（笑）。

先生 親切な公式に感謝して、練習問題だ。

§練習3　次の定積分の値を求めてください。

(1) $\displaystyle\int_1^4 x^2 dx$　　(2) $\displaystyle\int_1^2 \frac{dx}{x}$

第22講 面積1

曲線に囲まれた部分の面積も、定積分を使えば簡単に求めることができます。ここでは、様々な形の方程式で表された図形の面積を扱います。

定積分と面積

 定積分を使うと、関数のグラフで囲まれた図形の面積を簡単に求められるだろう。右図は、関数 $y=-x^2+2x$ のグラフだが、斜線部分の面積を求めてごらん。

これは簡単ね。

$$\int_0^2 (-x^2+2x)\,dx = \left[-\frac{x^3}{3}+x^2\right]_0^2$$
$$= -\frac{8}{3}+4 = \frac{4}{3}$$

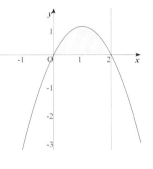

先生 そうだね。それじゃ、次の図の面積はどうなるかな。

 これも同じじゃないの。

$$\int_{-1}^0 (-x^2+2x)\,dx = \left[-\frac{x^3}{3}+x^2\right]_{-1}^0$$
$$= 0-\left(-\frac{-1}{3}+1\right) = -\frac{4}{3}$$

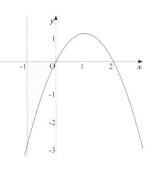

となるから、面積は $-\dfrac{3}{4}$ です。

先生 何か疑問を感じないかな。

大介 変なこと聞くんですねぇ。

面積が「マイナス」だよ。

大介 あっそうか、面積が負じゃ、おかしいよね。

先生 そうなんだ。これが定積分と面積の違いなんだ。定積分は、$\displaystyle\int_a^b f(x)\,dx$ で表されるように、関数 $f(x)$ の値と無限に細い幅 dx の積の和を表しているだろう。だから関数 $f(x)$ の値が負になれば定積分の値も負になってしまうんだ。

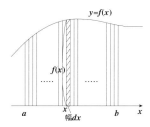

大介 わかったぞ。関数 $y=-x^2+2x$ は $-1 \leq x \leq 0$ の範囲では $y \leq 0$ なんだ。だから、積分したら負になったんだ。

先生 そうだね。

$$\text{面積}=\int_a^b \text{高さ}\,dx$$

だから、この場合の面積は、マイナスを付けて積分して

$$\int_{-1}^0 -(-x^2+2x)\,dx$$
$$=-\int_{-1}^0 (-x^2+2x)\,dx=\dfrac{4}{3}$$

になる。

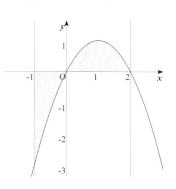

久美 それじゃ、右の図の斜線部分の面積を求めるときには、2つの部分に分けて計算しないといけないんですか。

先生 試しに計算してごらん。

久美 やってみるわ。えっと、まず、-1から2まで通して積分すると、

$$\int_{-1}^{2}(-x^2+2x)\,dx=\left[-\frac{x^3}{3}+x^2\right]_{-1}^{2}$$
$$=\left(-\frac{8}{3}+4\right)-\left(-\frac{-1}{3}+1\right)$$
$$=\frac{4}{3}-\frac{4}{3}=0$$

あれっ。0になっちゃった。

先生 これは、正の部分と負の部分が打ち消しあって0になったんだ。式で書くと、

$$\int_{-1}^{2}=\int_{-1}^{0}+\int_{0}^{2}$$
$$=-\frac{4}{3}+\frac{4}{3}=0$$

ということだ。一般には、右図のような場合、

$$\int_{a}^{c}f(x)\,dx$$
$$=\int_{a}^{b}f(x)\,dx+\int_{b}^{c}f(x)\,dx$$
$$=S_1-S_2$$

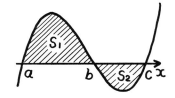

になっている。だから、面積を求めるときは、関数の値が正の部分と負の部分に分けて計算する必要があるね。

2つのグラフに挟まれた部分の面積

 それじゃ、もう少し複雑な図形の面積を求めてみよう。下の図の $y=x^2-x$ と $y=x$ で囲まれた部分の面積はどうなるかな。

 この場合も、無限に細い長方形を考えてその和を求めたらいいんだよね。

久美 大介君、積分に目覚めたのね。

大介 計算は面倒で苦手だけど、考え方は理解できたんだ。で、この場合、長方形の高さは、

$$x-(x^2-x)=-x^2+2x$$

だから、これを積分したらいいんだ。

先生 すごいぞ。で、積分する区間はどうなるかな。

大介 2つのグラフが交わるところを調べればいいんだから、ひとつは $x=0$ だよね。もうひとつは図から、うーん、$x=2$ だな、きっと。

先生 なんだかいいかげんだなあ。ま、大介らしくていいけどね。きちんと計算したらどうなるかな。

 $y=x$ と $y=x^2-x$ の交点を調べたらいいから、

$$x=x^2-x$$

を解いて、$x=0, 2$ です。

先生 それじゃ、これをもとに面積を求めてみよう。

大介 $\int_0^2 (-x^2+2x)\,dx$ だから、

$$=\left[-\frac{x^3}{3}+x^2\right]_0^2 = \left(-\frac{8}{3}+4\right) = \frac{4}{3}$$

です。
先生 うん。いい調子だ。

定積分ウィンドウ

 関数を微分するのは、結構複雑な関数でもできるけど、積分するのは難しいんだ。GRAPESにはそういうときに役立つ機能があるから紹介しておこう。「定積分ウィンドウ」っていうんだ。

 それを使うと、どんな関数でも積分できるんですか。

先生 定積分ならどんな関数でもできる。ただし、近似計算をしているだけだから、ほんのちょっぴり、誤差があるかもしれないけどね。

大介 それより、早く使い方の説明をしてよ。

先生 それじゃ、$\int_0^1 \dfrac{1}{x^2+1}dx$ を求めてみようか。

まず、$y = \dfrac{1}{x^2+1}$ のグラフをGRAPESで描いてごらん。

大介 できたよ。

 次に、定積分ウィンドウを表示してみよう。コントロールパレットの［背景／ツール］にある定積分ボタン 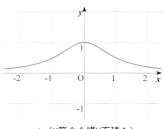 をクリックするんだ。画面が狭いパソコンの場合には、［背景］と［ツール］が分かれていて、定積分ボタンは［ツール］にある。

⇨《¥第２２講¥面積１》

 ちょっと待ってよ。えーと、コントロールパレットって、グラフウィンドウの上にあるアイコンの集まりよね。それで、［背景／ツール］をクリックして、と。あったわ、定積分ボタン。これをクリックするのね。

第22講 面積1 241

大介 何か表示されたぞ。

先生 これを定積分ウィンドウっていうんだ。ここで、定積分ウィンドウの説明をしておこう。

　まず、下限と上限の欄に数が表示されているだろう。これは積分する区間を表している。次に、そのときの定積分の値が「積分値」のところに表示されている

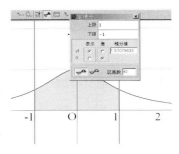

んだ。だから、今の場合、$\int_{-1}^{1} \dfrac{1}{x^2+1} dx = 1.57079633$ だ。積分する区間が青く表示されているから、よくわかるだろう。

大介 上限や下限の値を変えるにはどうするんですか。

先生 上限を表す数字をクリックしてごらん。関数電卓が表示されるから、それを使って入力すればいいんだ。

大介 じゃ、上限を2にしてみるよ。うん、グラフもばっちり表示されてるね。

先生 積分する区間は、グラフでは黒い線に挟まれているだろう。実は、この線をドラッグしても積分する区間を変更できるんだ。線の上にカーソルを持っていくと、形が変わるからすぐにわかるよ。

久美 ほんとだわ。カーソルがぱっと両矢印に変わるわ。

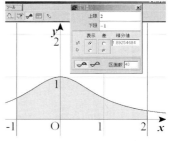

先生 だろう……。さあ、練習かな。

大介 やっぱり。そろそろじゃないかなと思っていたんだ（笑）。

§練習１　GRAPESを使って、次の定積分を求めてください。
(1) $\int_{-1}^{1}(-x^2+1)dx$　　(2) $\int_{-1}^{2}(-x^2+1)dx$　　(3) $\int_{0}^{2}\sqrt{x}\,dx$

先生のちょっと一言

【GRAPESと定積分について】

　定積分ウィンドウでは、積分の計算にシンプソンの公式を使っています。これは、曲線を小さな区画に分けて、そのひとつひとつを２次関数で近似するものです。

　この公式は、２次関数はもちろんのこと、３次関数でも誤差は生じません。それ以外の関数でも区画数を多くすればかなり正確な値を得ることができます。

ここでは、媒介変数で表された曲線の面積を扱います。これには、積分変数を入れ替える置換積分という方法を使います。

置換積分法

 今日は媒介変数で表された曲線に囲まれた部分の面積を求めてみよう。

 媒介変数で表された曲線って、どんなだったっけ。

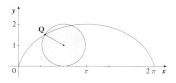

先生 大介は、忘れるのが早いなあ。サイクロイドのことは覚えているかな。

大介 サイクロイドって、円が回転したときにできる曲線ですか。

先生 そうだね。

$$x = t - \sin t, \quad y = 1 - \cos t$$

で表される曲線だ。こんな風に、曲線の方程式を

$$x = f(t), \quad y = g(t)$$

の形で表すことを、曲線の媒介変数表示っていうんだ。

大介 思い出したよ。

先生 これから求めるのは、このような曲線と x 軸で挟まれた部分の面積なんだ。

 それって、この前教わったように

$$\int_a^b y\,dx$$

を計算したらいいんじゃないの。

 そうだけど、今 y は変数 t で表されているわけだから、$y=(t$ の式$)$ だろ。だから、この式は、$\int_a^b (t$ の式$)\,dx$ となってしまうよ。どうやって t の式を x で積分するかが問題なんだ。

大介 そうか、なるほど。

久美 じゃ、どうするんですか。

先生 そういうときに、「置換積分法」というのが役に立つんだ。今日はその話をするよ。

久美 はあーい。

先生 媒介変数で表された曲線について考えているから、当然 x と y は媒介変数 t の関数で $x=f(t)$, $y=g(t)$ と書けるだろ。

大介 そりゃそうです。

 そして、t の値がほんの少しだけ、というか無限に小さく増えたとして、その増分を dt、そのときの x の増分を dx としよう。すると、$x=f(t)$ なんだから、そのグラフの傾きは $f'(t)$ だよね。

$$dx = f'(t)dt$$

だと考えていい。つまり、

$$dx = \frac{dx}{dt}dt$$

だ。だから、

$$\int_a^b y\,dx = \int_\alpha^\beta y\frac{dx}{dt}dt \quad\text{―――①}$$

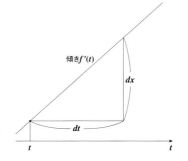

第23講 面積2 245

が成り立つ。これを置換積分っていうんだ。面積を求めるには、この式の右辺を計算すればいい。

大介 ①式の α や β って何ですか。

先生 積分する区間は、左辺では $x=a$ から b までだろう。でも、右辺は変数 t による積分だから、これを t の区間に直さないといけないんだ。それで、$x=a$ から b までに対応する区間が $t=\alpha$ から β までというわけなんだ。

t	$\alpha \to \beta$
x	$a \to b$

久美 何か例で教えてください。

そうだね。よくわからないときは、具体的な例で考えるといいよね。

じゃ、例として、

$$x=(1-t)^2,\ y=t^2 \quad (0 \leq t \leq 1)$$

と2つの座標軸に囲まれた部分の面積を求めてみよう。グラフは右図のようになっているから、求める面積を S とすれば、

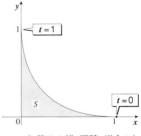

⇨《¥第23講¥面積_媒介1》

$$S = \int_0^1 y\,dx$$

が成り立っている。ここで、$x=(1-t)^2$ だから、

t	$1 \to 0$
x	$0 \to 1$

で、

$$\frac{dx}{dt} = -2(1-t)$$

となるよね。これで、準備はおしまいだ。今のところ得られた結果をま
とめてごらん。

まず、

$$S = \int_0^1 y\,dx = \int_\alpha^\beta y\frac{dx}{dt}\,dt \quad\text{————}\ ①$$

だよね。あとは久美ちゃん頼むね。

もう私なの、えっと、

$$y = t^2 \quad\text{————}\ ②$$

$$\frac{dx}{dt} = -2(1-t) \quad\text{————}\ ③$$

それから、x が 0 から 1 まで動くとき、t は 1 から 0 まで動くから、

$$\alpha = 1,\ \beta = 0 \quad\text{————}\ ④$$

となるわ。

先生 そうだね。それを全部、代入するとどうなるかな。

大介 ①に、②, ③, ④をあてはめるだけだから、

$$S = \int_1^0 t^2\{-2(1-t)\}\,dt$$

になります。

先生 そうだね。あとは計算するだけだよ。

久美 はーい。

第23講　面積2　247

$$S = \int_1^0 t^2\{-2(1-t)\}dt$$
$$= 2\int_1^0 (-t^2+t^3)dt$$
$$= 2\left[-\frac{1}{3}t^3+\frac{1}{4}t^4\right]_1^0 = 2\left\{0-\left(-\frac{1}{3}+\frac{1}{4}\right)\right\} = \frac{1}{6}$$

　　これでいいのかしら。
先生 いいよ。それに、グラフを見ても、それらしい値になってるしね。
久美 それらしいって、どういうことですか。
先生 三角形OABは、直角二等辺三角形になるだろ。
大介 確かにそうですね。
先生 その面積は $\frac{1}{2}$ だよね。S は、その半分より小さそうだろ。

　　だから、その $\frac{1}{3}$ としたら、ぴったり $\frac{1}{6}$ だ、ということ。

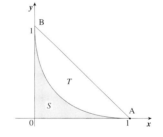

大介 先生も割といいかげんなんですね。
先生 どういうことだい。
大介 だって、$\frac{1}{2}$ より小さそうだからって、$\frac{1}{3}$ なんて、いつも厳密な話をしている数学の先生の言葉とは思えません。
　　まあ、そうなんだが、おおよその値を考えることは、数学ではとても大切なことなんだ。
大介 そうですか。
　　それに、この面積が、ぴったり $\frac{1}{6}$ ってことは、すごいことだと思わない

か。そうなると $T=\frac{1}{3}$ ってことなんだ。なっ、不思議だろ。

 そうですね。あれ、何か話がすり替わって……。

先生 さあ、それじゃ、このあたりで今までしたことをまとめておこう。

置換積分
$$\int_a^b y\,dx = \int_\alpha^\beta y\frac{dx}{dt}dt \quad \text{ただし、} \quad \begin{array}{c|c} t & \alpha \to \beta \\ \hline x & a \to b \end{array}$$

媒介変数表示のグラフと x 軸で挟まれた部分の面積 S は、$x=f(t),\ y=g(t)$ とすれば、

$$S = \int_\alpha^\beta y\frac{dx}{dt}dt = \int_\alpha^\beta g(t)f'(t)dt$$

---

§練習1 曲線 $x=t^2,\ y=-t^2+2t$ と x 軸で囲まれた部分の面積を求めてください。

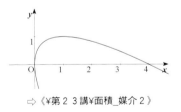

⇨《¥第23講¥面積_媒介2》

サイクロイドの面積

 さあ、準備は整ったぞ。

 ええっ。なんだっけ。

 おいおい、この第23講は「サイクロイドの面積を求める」ってことで、

「置換積分」の話が始まっただろ。
大介 ああ、そうでした。忘れてました。
先生 それでは、始めるよ。サイクロイドと x 軸に挟まれた部分の面積を求めるよ。

久美 今、教えてもらった置換積分を使うんですか。
先生 そうさ、さっきの方法で計算すればいいんだ。やってごらん。
大介 求める面積を S とすると、

$$S = \int_0^{2\pi} y\, dx \quad \text{―――――} \text{①}$$

だから、これにサイクロイドの方程式、

$$x = t - \sin t,\ y = 1 - \cos t$$

をあてはめるんだよね。
先生 そうだね。そして、どうすれば置換積分できるんだっけ。
大介 えっと、とりあえず、$y = 1 - \cos t$ はわかっているから、y は代入できるぞ……。あとは、えっと、……。$\dfrac{dx}{dt}$ を求めることと、積分する区間の変換だ。
久美 そうね。$x = t - \sin t$ だから、

$$\frac{dx}{dt} = 1 - \cos t$$

よね。そして、

$$t = 0 \quad \text{のとき、}\ x = 0 - 0 = 0$$

$t = 2\pi$ のとき、$x = 2\pi - 0 = 2\pi$

となるから、表にして、

t	$0 \rightarrow 2\pi$
x	$0 \rightarrow 2\pi$

大介 あれっ、x から t に変えても、区間は変わらないぞ。

久美 でも計算は合っているわよ。

先生 この場合は、変数を変えても、たまたま同じになったんだね。

久美 じゃ、

$$S = \int_0^{2\pi} y\,dx = \int_0^{2\pi} y\,\frac{dx}{dt}\,dt = \int_0^{2\pi} (1-\cos t)(1-\cos t)dt$$

になるわ。

先生 よくできているよ。

大介 でも展開すると、

$$S = \int_0^{2\pi} (1 - 2\cos t + \cos^2 t)\,dt$$

になるよ。$\cos^2 t$ の積分はどうするんだっけ。

先生 三角関数の半角公式を使うと、

$$\cos^2 t = \frac{1 + \cos 2t}{2}$$

が成り立つ。これでできるかな。

久美 そうすると、

第23講 面積2 251

$$S = \int_0^{2\pi} \left(1 - 2\cos t + \frac{1+\cos 2t}{2}\right) dt$$
$$= \int_0^{2\pi} \left(\frac{3}{2} - 2\cos t + \frac{\cos 2t}{2}\right) dt$$

えっと、ここまでは正しいですか。
先生 いい調子だよ。続きは、大介がやるか。
大介 今ちょっと、目がくらくら、してまして……。

続けるわよ、
$$S = \left[\frac{3}{2}t - 2\sin t + \frac{\sin 2t}{4}\right]_0^{2\pi}$$
$$= (3\pi - 0 + 0) - (0 - 0 + 0)$$
$$= 3\pi$$

先生 よくできたね。
あまり、「くらくら」しなかったね(笑)。
先生 積分の計算はいろんなテクニックが必要なので、なかなか大変なんだ。これなんか、まだほんの序の口さ。
大介 やっぱり「くらくら」しそうな気がして……。
先生 いやいや、心配しなくていい。この講義では、難しい計算は全部GRAPESにさせてしまうから、どんな計算をすればいいのかだけがわかっていればいい。
久美 さっきの計算もGRAPESでできるんですか。
先生 小数の近似値でよければ、簡単にできるよ。
大介 「簡単」っていい言葉ですね。
久美 そうよね。私も賛成。
先生 変数を x にして、GRAPESの定積分ウィンドウを使えば、

$\int_0^{2\pi}(1-\cos x)^2 dx$ を求められるよ。

大介 あっ、そうか。変数を x にしちゃえばいいんだ。定積分は、見かけ上の変数には影響されないんだった。

久美 そうよね。$y1=(1-\cos x)^2$ を入力して、定積分ボタン  をクリックするわよ。それから、下限を0、上限を 2π にすればいいんでしょ。

先生 そうすると、積分値のところに定積分の値が表示されているだろう。いくらになっているかな。

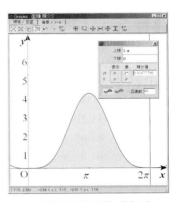

⇨《¥第23講¥面積_媒介3》

大介 9.42477796 って出てるよ。

久美 さっき求めたときは 3π だったわ。

先生 $\pi=3.1415926\cdots$ だから、これを3倍した値になっているだろう。

大介 だったら、最初から 3π って表示してくれればいいのに。

先生 残念だけど、GRAPESは近似計算をしているだけだから、正確な値を式で表示することはできないんだ。

　　　それじゃ、練習問題をやってみよう。

§練習2　曲線 $x=\cos^3 t$, $y=\sin^3 t$ $\left(0 \leqq t \leqq \dfrac{\pi}{2}\right)$ と座標軸で囲まれた部分の面積を求めてください。

⇨《¥第23講¥第23講練習2》

第23講　面積2　253

大介 GRAPESを使っていいんだよね。
先生 もちろんだよ。
久美 だって、この本GRAPESの本だもんね（笑）。

そして……

 実はね、すっごく便利な道具を作ったんだ。$f(x)$ と $g(x)$、それから積分する区間をパラメータ a、b に入力するだけで、$x=f(t)$，$y=g(t)$ のグラフと x 軸で挟まれた部分の面積が求まるんだ。≪￥第２３講￥面積＿媒介４≫を開いてごらん。

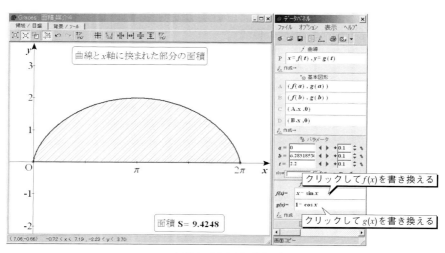

⇨《￥第２３講￥面積_媒介４》

大介 わっ、すごいや。サイクロイドのグラフと面積が表示されているよ。a、b の値を変えたら、グラフや面積も変わるのかな。

先生 試してみるといいよ。それから、この図はサイクロイドだから、

$$f(x) = x - \sin x$$
$$g(x) = 1 - \cos x$$

だけど、これを書き換えればどんなグラフでもOKだ。

久美 じゃ、さっきの練習問題もすぐにできちゃうの？

先生 もちろんさ。

大介 そんな便利なものはもっと早く言ってくれなくっちゃ。やってみるよ。

$$x = \cos^3 t,\ y = \sin^3 t$$

だったから、

$$f(x) = \cos^3 x,\ g(x) = \sin^3 x$$

で、区間が $0 \leqq t \leqq \dfrac{\pi}{2}$ だから、

$$a = 0,\ b = \dfrac{\pi}{2}$$

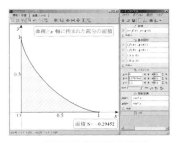

⇨《¥第２３講¥練習２補足》

にすればいいんだよね。あれれ、面積が負になっちゃったよ。

先生 それはね、$x = \cos^3 t$ だから、

t	$0 \to \dfrac{\pi}{2}$
x	$1 \to 0$

になる。だから、$\displaystyle\int_0^{\frac{\pi}{2}} (\ \ ) dt$ は $\displaystyle\int_1^0 (\ \ ) dx$ と等しいだろ。

大介 面積が負になることと関係あるんですか。

先生 定積分がいつでも面積になるわけじゃなかったろ。

大介 あれっ、そうだったっけ。

久美 面積を求めるときは、高さを下限から上限まで積分すればよかったけど……。そうか、今、上限と下限の値の大小が逆になっているのね。

大介 つまり、面積だったら、左から右に積分しなくちゃいけなかったんだ。それなのに、右から左に積分しているから計算すると負になっちゃうんだ。

久美 わかったわ。積分する区間の上限と下限を逆にすれば、よかったのね。

大介 つまり、$a = \dfrac{\pi}{2}$, $b = 0$ だったんだ。

先生 その通り。

先生のちょっと一言

パラメータ a に $\dfrac{\pi}{2}$ を代入するには、パラメータ a の値をダブルクリックして、関数電卓で入力します。

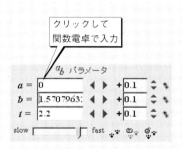

　積分を使えば曲面で囲まれた立体の体積を求めることができます。円錐や角錐の体積も、球の体積も簡単な計算で求まるのです。

錐形の体積

 今日は、立体の体積を積分で求めてみよう。
 積分で面積が求まるのはわかったけど、体積も求められるんですか。
先生 もちろんさ。まずは、錐形の体積を求めてみよう。
　君たちは、角錐や円錐の体積を求める公式を覚えているかな。
久美 はい。底面積をS、高さをhとするとき、体積Vは、

$$V = \frac{Sh}{3}$$

です。

先生 そうだね。それじゃ、今日は、この公式を導くことにしよう。
　まず、底面積をS、高さをhとして、考えやすいように、これを図のように横にして、頂点からxだけ下がったところの断面積を$S(x)$としよう。このとき、$S(x)$をxで表すとどうなるかな。

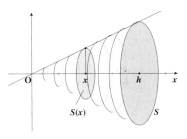

⇨《¥第２４講¥円錐》

大介 断面と底面は相似で、相似の比は $x:h$ だから、

$$S(x):S=x^2:h^2$$

だよね。だから、

$$S(x)=\frac{S}{h^2}x^2$$

です。

先生 そうだね。さて、この錐を図のように薄く薄く切ってみよう。そうすると、このスライス1枚1枚の体積は、ほとんど、**断面積×幅**だと考えていい。そこで、この薄い幅を dx とすると、スライスの体積は、

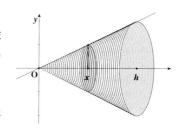

$$S(x)dx$$

と書ける。これを、$x=0$ から h まで加えれば体積が求まるから、

$$V=\int_0^h S(x)\,dx$$

だ。

それって、面積を求めたときと同じ説明じゃないんですか。(「第20講 定積分」参照)

先生 よく覚えていたね。その通りだよ。面積を積分で求めたときは、細い長方形を考えて、**高さ×幅**の和を求めたからね。面積と体積では「高さ」と「断面積」が違うだけで、それ以外は同じだ。

大介 それで、さっきの式を使ったら、錐形の体積が求まるんですか。

先生 やってみてごらん。

大介 $S(x) = \dfrac{S}{h^2} x^2$ だったから、

$$V = \int_0^h \dfrac{S}{h^2} x^2 \, dx$$
$$= \dfrac{S}{h^2} \int_0^h x^2 \, dx = \dfrac{S}{h^2} \left[\dfrac{x^3}{3} \right]_0^h = \dfrac{S}{h^2} \dfrac{h^3}{3} = \dfrac{Sh}{3}$$

できたよ。

久美 すごい。公式通りじゃない。

 当然だよ。だって、ここで違ったら小学校や中学校の先生が「ウソ」を教えたことになっちゃうよ。

大介 そりゃそうだ。

久美 それより、円錐の体積がなぜ円柱の $\dfrac{1}{3}$ なのかがわかったわ。つまり、長さの比の2乗に比例する断面積を積分するから、$\dfrac{1}{3}$ なんだってこと。

大介 そうか、x^2 を積分すると、$\dfrac{1}{3} x^3$ になるからか。

先生 これで、円錐の体積の公式を忘れないで済むな。

大介 さすがにこれぐらい覚えてますよ、先生。

先生 そりゃそうだな（笑）。

立体の体積

$a \leq x \leq b$ において、断面積が $S(x)$ である立体の体積 V は、

$$V = \int_a^b S(x) \, dx$$

回転体の体積

 さっきは錐形の体積を求めたけど、次は球の体積を求めてみよう。さっきと同じで、断面積 $S(x)$ を積分すればいいんだけど、断面積を求めるときに球が円の回転体だということを使うとうまくいくんだ。右図の半円を x 軸の周りに回転したものが球だから、球の断面の半径は、

$$y = \sqrt{r^2 - x^2}$$

に等しい。このことから球の断面積は、

$$S(x) = \pi y^2 = \pi(r^2 - x^2)$$

になる。

あと、x の変域は、$-r \leqq x \leqq r$ だから、体積は、

$$V = \int_{-r}^{r} \pi(r^2 - x^2)\,dx$$

だ。

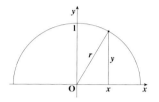

久美 ちょっと、計算してみるわ。

$$\begin{aligned}
\int_{-r}^{r} \pi(r^2 - x^2)\,dx &= \pi\left[r^2 x - \frac{x^3}{3}\right]_{-r}^{r} \\
&= \pi\left\{\left(r^3 - \frac{r^3}{3}\right) - \left(-r^3 + \frac{r^3}{3}\right)\right\} \\
&= \frac{4}{3}\pi r^3
\end{aligned}$$

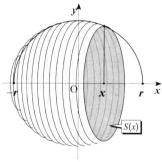

⇨《¥第２４講¥球》

大介 今まで、球の体積って公式を覚えるしかないと思っていたけど、ちゃんと求められるんだね。

そうだね。しかもたいした工夫なしに、誰でも求められるというのが、積分のすごいところなんだ。

私には、「積分」そのものがすごい工夫なんじゃないかって思えます。

先生 うーん、久美の考えのほうが正しいようだね（笑）。

先生 ともかく、ここでやったことをまとめておこう。

回転体の体積
　$y = f(x)$ $(a \leq x \leq b)$ のグラフを x 軸の周りに回転した立体の体積 V は、

$$V = \pi \int_a^b y^2 \, dx$$

---

§練習1　次のグラフを x 軸の周りに回転した立体の体積を求めてください。

(1) $y = \sqrt{x}$ $(0 \leq x \leq 2)$
　⇨《¥第２４講¥第２４講練習１_１》

(2) $y = \sqrt{x^2+1}$ $(-2 \leq x \leq 2)$
　⇨《¥第２４講¥第２４講練習１_２》

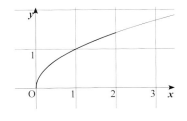
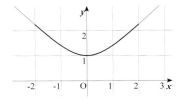

第25講 道のりと曲線の長さ

速さを積分すれば道のりが得られます。これを利用すれば、曲線の長さも積分を使って求めることができます。

速度と道のり

> 右のグラフは、秒速10mで走っている車が、ブレーキをかけてから止まるまでの5秒間の速度をグラフにしたものだ。

> えっと、最初の速さが秒速10mということは、時速 $10 \times 60 \times 60 = 36000$m だから、時速36kmだね。

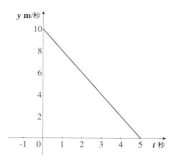

先生 ま。そういうこと。で、この車はブレーキをかけてから止まるまでどれだけ進むかな。

大介 そんなの、「距離＝速度×時間」だから簡単だよ。$10 \times 5 = 50$m じゃないの。

久美 この場合、速度が一定じゃないから、難しいのよ。

大介 そうだよね。いつまでも秒速10mじゃないんだ。じゃ、こつこつ計算をするってどう。

久美 こつこつってどういうこと。

大介 時刻と速度の関係を1秒ごとに求めて、表を作ってみるんだよ。つまり、こういう表ができるだろう。

時刻 t	0	1	2	3	4	5
速度 y	10	8	6	4	2	0

だから、進んだ距離は、1秒ごとに計算して、

$$10 \times 1 + 8 \times 1 + 6 \times 1 + 4 \times 1 + 2 \times 1 = 30\text{m}$$

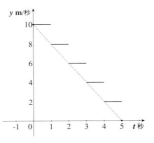

になるんじゃないのかな。

いいアイデアなんだけれど、速度は1秒ごとに変わるんじゃないよ。この計算だと、最初の1秒間は秒速10mで、次の1秒間は秒速8mで、……と考えているだろう。ちょうど、右上のグラフのように速度が変化している場合を考えていることになるんじゃないかな。

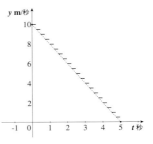

大介 だったら、それをもっと細かくしていけばいいんじゃないのかな。右中の図みたいにどんどん細かくすれば、いくらでも正確な値に近づくよ。

わかったわ。距離の求め方が。大介君が最初に計算していた

$$10 \times 1 + 8 \times 1 + 6 \times 1 + 4 \times 1 + 2 \times 1$$

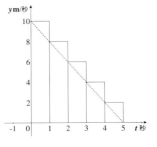

というのは、右下図の面積を求めていることになるでしょう。これをどんどん細かくしていくと、次ページの図の斜線部分の面積を求めることになるのよ。

第25講 道のりと曲線の長さ 263

そうか、そうか。わかったぞ。だったら、三角形の面積だから、

$$10 \times 5 \times \frac{1}{2} = 25 \text{ m}$$

これで求まったよね。

よく求めたね。時刻−速度グラフでは、距離は面積で表されるんだ。つまり、時刻 t における速度を v とすれば、$t=\alpha$ から β までの間の道のり L は、

$$L = \int_\alpha^\beta |v| \, dt$$

で表される。

大介 積分で表すとかっこよくなるね。この式は、僕の美意識に何か訴えるものがある。

久美 そうね。私も、きれいだと思うわ。でも、どうして、v に絶対値を付けるんですか、先生。

先生 速度には向きがあるけど、道のりを求めるときは向きは関係なくて、速度の大きさだけが問題なんだ。だから絶対値を付けるんだ。

久美 なんだかよくわからないわ。

先生 例えば、東に 1 km 進んで、その後西に 1 km 進むと、移動後の位置は元と同じだが、道のりは 2 km で、0 km とは言わないよね。

　このように、「速度」を積分してしまうと、はじめはプラス 1 km そしてあとからマイナス 1 km となって結局 0 になるから「道のり」じゃなくなっちゃうんだよ。

久美 わかったわ、どっちに進んでもプラスしなきゃダメなのね。

先生 まあ、そういうことかな。

サイクロイドの長さ

 それでは次に、サイクロイド

$$x = t - \sin t, \quad y = 1 - \cos t \quad (0 \leq t \leq 2\pi)$$

の長さを求めてみよう。

 ええっ。こんな曲線の長さが求まるんですか。

先生 今のサイクロイドの方程式、$x = t - \sin t$, $y = 1 - \cos t$ について、t は時刻を表す変数だと考えてみよう。そうすると、点 $Q(x, y)$ は時間とともにサイクロイド上を動く点だということになる。

大介 それって、前に「第23講 面積2」でやったのと同じかな。

先生 そうだね。で、そのときに、サイクロイド上の点Qの速度も求めただろう。覚えているかな。

久美 きちんとは覚えてないけど、速度ベクトル $\vec{v}$ は、

$$\vec{v} = \left(\frac{dx}{dt}, \frac{dy}{dt} \right)$$

だったから、これを使えばできます。

$$\frac{dx}{dt} = 1 - \cos t, \quad \frac{dy}{dt} = \sin t$$

だから、

$$\vec{v} = (1 - \cos t, \sin t)$$

です。

 そうだね。サイクロイドを、点Qが時間とともに動いた軌跡だと考える

と、長さは点Qの動いた道のりだということになる。この場合は、$t=0$ から 2π までの道のりだから、これを L とすると、

$$L = \int_0^{2\pi} |\vec{v}| \, dt$$

になる。求めてごらん。

 まず速度の大きさは、

$$|\vec{v}| = \sqrt{(1-\cos t)^2 + (\sin t)^2}$$

だから、

$$|\vec{v}| = \sqrt{1 - 2\cos t + \cos^2 t + \sin^2 t}$$
$$= \sqrt{2(1-\cos t)}$$

で、ここからどうすればいいのかな。

先生 ここは、半角公式を使うといいよ。

$$\sin^2 \frac{t}{2} = \frac{1 - \cos t}{2}$$

だ。

大介 そうすると、

$$|\vec{v}| = \sqrt{4 \sin^2 \frac{t}{2}} = 2 \left| \sin \frac{t}{2} \right|$$

になるから、……。久美、交代。

 交代が早くない（笑）。えっと、積分する区間は $0 \leq t \leq 2\pi$ だから、$0 \leq \dfrac{t}{2} \leq \pi$ でしょう。このとき $\sin \dfrac{t}{2} \geq 0$ だから、$2\left|\sin \dfrac{t}{2}\right| = 2\sin \dfrac{t}{2}$

よね。そうすると

$$L = \int_0^{2\pi} |\vec{v}| dt$$
$$= \int_0^{2\pi} 2\sin\frac{t}{2} dt$$
$$= \left[-4\cos\frac{t}{2}\right]_0^{2\pi}$$
$$= 4-(-4)$$
$$= 8$$

できたわ。

先生 面倒な計算をよくやり遂げたね。

 円を転がした図形なのに、長さがただの8だなんてびっくりです。

 ほんとだ、πとかは付かないんだ。

先生 そうだね、こういうところが面白いだろ。

先生 それでは、今やったことをまとめておこう。

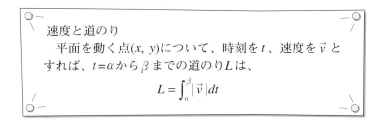

速度と道のり

平面を動く点(x, y)について、時刻をt、速度を$\vec{v}$とすれば、$t=\alpha$からβまでの道のりLは、

$$L = \int_\alpha^\beta |\vec{v}| dt$$

先生 それから、一般の曲線 $x=f(t),\, y=g(t)$（$\alpha \leqq t \leqq \beta$）についても、サイクロイドのときのように、変数 t を時刻を表す変数だと考えれば、道のり、つまり曲線の長さを求めることができるから、

曲線の長さ

曲線 $x=f(t),\, y=g(t)$（$\alpha \leqq t \leqq \beta$）の長さ L は、

$$L = \int_\alpha^\beta \sqrt{\left(\frac{dx}{dt}\right)^2 + \left(\frac{dy}{dt}\right)^2}\, dt$$

---

§練習1　次の曲線の長さを求めてください。

(1) $x=\cos^3 t$, $y=\sin^3 t$ $\left(0 \leqq t \leqq \dfrac{\pi}{2}\right)$

(2) $x=t$, $y=\dfrac{e^t + e^{-t}}{2}$ （$0 \leqq t \leqq 1$）

⇨《¥第２５講¥第２５講練習１_１》《¥第２５講¥第２５講練習１_２》

大介 (1)の曲線は、面積を求めたときに練習問題に出ていたね。

久美 そうね。でも、(2)の曲線ははじめて見るわ。

先生 (2)の方程式は、t を消去すると、

$$y = \frac{e^x + e^{-x}}{2}$$

になるだろう。このグラフはカテナリーといって、鎖の両端を持って吊り下げたときの曲線なんだ。

大介 じゃ、電線もこの形でぶら下がっているんだ。

268　第25講　道のりと曲線の長さ

久美 GRAPESで描いてみたわ。放物線みたいな形だけど、頂点付近が放物線よりちょっと丸いみたい。

先生 「丸い」や「電線」もいいけど、そろそろ、練習問題をしなさい。

大介、久美 はーい。

先生 そうだ、計算でつまりそうなところのヒントを言っておこう。

久美 今日は少し優しいのね、先生！

先生 そうかなぁ。まず、$\sin x \cos x = \dfrac{1}{2}\sin 2x$。それから、$e^x e^{-x} = e^x \times \dfrac{1}{e^x} = 1$。

大介 これぐらい、知ってたよ。ホントにヒント？（笑）

それから……

先生!! 媒介変数表示のグラフの面積や回転体の体積を求めるとき、GRAPESで簡単に求まるようにしていたでしょ……。もしかして、曲線の長さを求めるのも、GRAPESで何か作っているんじゃないんですか。

あれっ。よくわかったねえ。うんっ、実は作ってあるんだ。《¥第２５講¥サイクロイド_面積と長さ》というファイルを開いてごらん。

大介 これかな。あっ、面積と長さがもう計算されているよ。

先生 $a \leqq t \leqq b$ の範囲のサイクロイドの面積

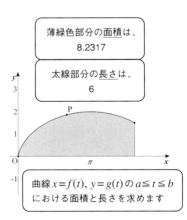

と長さが表示されるようになっているんだ。パラメータ a や b を動かしてごらん。

 パラメータを動かすのね。えっと、$b=2\pi$ にすると、長さが8になるわ。

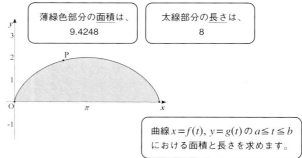

⇨《¥第25講¥サイクロイド_面積と長さ》

 どこっ？　あっ、ほんとだ。すごーい。

先生 $f(x)$ や $g(x)$ の関数を変えると、いろんなグラフの面積や長さを調べることができるからやってごらん。

大介、久美 はーい。

●CD-ROMに付録として収録されている入試問題にも挑戦してみてください。
"マイコンピュータ"からCD-ROMを開くと付録のフォルダがあります。
⇨《¥文書_付録¥付録1 入試問題に挑戦》、《文書_付録¥付録1の解答》

終業式

大介 もう終わりですね。

先生 そうだね、早いもので、君たち2人に会ったのが昨日のようだよ。

久美 私もそう感じていました。いろんなことを学びましたよね。それに、GRAPESを使った勉強だったので、微積分がとてもよくわかった気がします。

先生 そうだろ〜。

大介 グラフがぱっと描けちゃうところが、サイコーですよ。だって、すっごく楽だもんね。

久美 そうよね。グラフを描くだけで疲れちゃったら、もう数学そのものを考えられなくなっちゃうもの（笑）。

先生 GRAPESのようなソフトを使って数学を考えていくことで、今までの紙と鉛筆だけの数学から、質的な変化をしていくだろうね。

大介 何、難しいことを言っているんですか。「楽しくて」、「楽に」数学がわかれば、それでいいじゃん。

久美 大介君は「楽」が好きねえ。

大介 だって、ムダにエネルギーを使うことはないだろう。

先生 楽した分、もっと深く数学を勉強すればいいんだよ。そうすると、ますます数学は面白くなるよ。

久美 やっぱり先生は、先生らしいことを言いますね。

大介 そりゃ、最後に少しぐらい、マジメなところを読者のみんなに見せないと「マズイ」じゃん。

先生 あれっ、僕はずーっと、マジメに教えてきたじゃないか。

久美 そうですね、先生はえっと、結構いい先生です。それに、いろんなアイデアを用意してくださっていたんですね。とってもいい授業だったです。

大介 久美が先生を、評価しているみたいだね。

先生 そうか、生徒が先生を評価するのか。うーん、そういう時代かなぁ（笑）。

大介 そういうこと。

　これからもGRAPESを使って、数学をどんどん勉強してください。まだまだ、いろいろな使い方があるし、これからGRAPES自体も発展していくんだ。期待していてね。

　では、長いこと付きあってくださった読者の皆さんにも感謝の言葉を述べて、この講義を終わりにします。ご静聴ありがとうございました。

大介 あんまり「ご静聴」でもなかったけどね。

久美 ほんとに、そうね（笑）。

　ありがとうございました。

GRAPES超簡単講座

●GRAPESにはたくさんの機能がありますが、ここでは基本的な操作のみを簡単に説明します。

§1　各部の名称

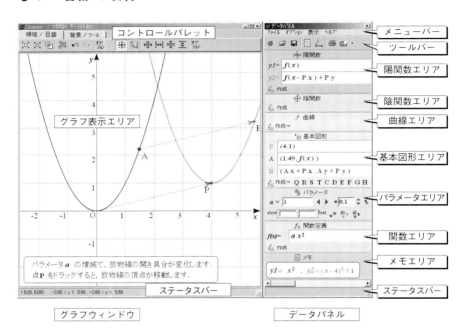

グラフウィンドウ

　グラフウィンドウにはグラフや図形が表示されます。また、上部の**コントロールパレット**を用いて、表示領域や変域の設定、目盛の設定などを行うことができます。下部ステータスバーには、マウスポインタの座標や表示領域が示されます。

データパネル

　データパネルは、グラフや図形を描くためのデータを管理しています。関数や式の入力訂正、パラメータの操作、ファイル入出力は、このデータパネルで行います。データパネルは、メニューバー、ツールバーのあと、左図のようにいくつかのエリアに分かれています。各エリアの表示順序はエリア上部をドラッグすることで変更できます。

1．陽関数エリア

　　$y = f(x)$ の形の関数のグラフを扱います。

2．陰関数エリア

　　$f(x, y) = 0$ の形のグラフや $f(x, y) \geqq 0$ のような不等式の領域を扱います。

3．曲線エリア

　　媒介変数表示の曲線や極方程式のグラフを扱います。

4．基本図形エリア

　　点、円、水平線、垂直線を扱います。

5．パラメータエリア

　　グラフの方程式に使われているパラメータの値はここでコントロールします。

6．関数エリア

　　5つの関数 $f, g, h, f1, f2$ が用意されていて、これら関数を自由に定義してグラフの中で使うことができます。

7．メモエリア

　　操作や表示内容についての説明が表示されます。スクリプトと呼ばれる簡単なプログラムを実行するためのボタンが表示されることもあります。

8．結合図形エリア

　　2つの点を結んで線分を引いたりするときだけ表示されます。本書ではこれが表示されることはありません。

$y=x^3-ax-2$ に変えてみましょう。

1. 陽関数エリアの［関数式表示窓］をクリックします（前ページ右下図）。
   関数のプロパティウィンドウが表示されます。
2. まず、グラフの線の太さを変更しましょう。［太さ表示窓］をポイントする（ポインタを重ねる）と、太さメニューが表示されますから、太線を選びます。
3. 線種や色の変更も同様です。
4. 関数式を変更するには、［関数式表示窓］をクリックします。関数電卓が表示されるので、式を変更します。
5. 変更結果を確認して、［OK］をクリックします。

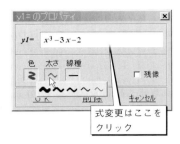

式変更はここをクリック

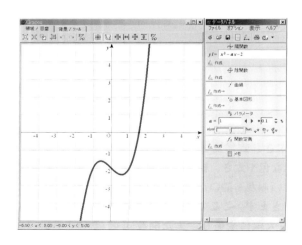

278　GRAPES超簡単講座

§3 パラメータと残像

パラメータを動かす

先ほどグラフを描いた関数は $y=x^3-ax-2$ ですから、パラメータaを含んでいます。このような場合、パラメータaの値を変化させればそれにつれてグラフも変化します。

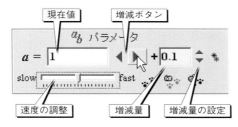

1. ［パラメータエリア］の「$a=$」の右側の［増減］ボタン◀▶をクリックすると、パラメータ値が増減します。

   試してみましょう。

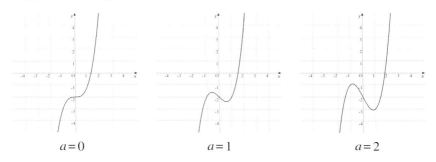

$a=0$ $a=1$ $a=2$

2. 増減ボタンを押しっぱなしにすると、連続して変化します。このときの変化速度は［速度の調整］バーで調節することができます。目盛の左端に寄せ

GRAPES超簡単講座 279

ると、増減は止まります。
3．変化量の初期値は0.1ですが、これは自由に変えることができます。
4．パラメータを指定した値にするには、［パラメータ表示窓］をクリックして、キーボードから数値を入力します。［パラメータ表示窓］をダブルクリックして、関数電卓で入力することもできます。

どんな使い方をしてもGRAPESが壊れることはありません。安心して使ってください。

残像を残す

パラメータを変化させると、それに伴ってグラフも動きますが、動いたあとのグラフを残すことができます。これを、残像といいます。

先ほどの関数 $y=x^3-ax-2$ について、パラメータ a を変化させたときのグラフの残像を残してみましょう。

1．［陽関数エリア］の［関数式表示窓］をクリックして、［関数のプロパティ］ウィンドウを表示します。
2．［残像］チェックボックスをクリックしてチェックします。
3．[OK] をクリックします。
　これで完了です。
　パラメータ a の値を増減すると残像が残ります。

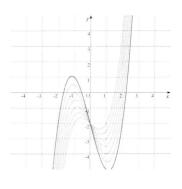

残像を消す

描いた残像を消すには、［パラメータエリア］にある［残像消去］ボタン 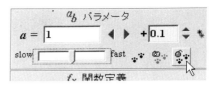 をクリックします。

すべてを消して初期状態に戻す

関数やグラフをすべて消して起動時の状態にすることを、プロジェクトの初期化といいます。

プロジェクトを初期化するには、ツールバーにある［初期化］ボタン をクリックします。［すべてのデータを消去します］と表示された警告画面が出ますが、そのまま［OK］をクリックします。

§練習1　次の関数のグラフを描いてみましょう。
(1) $y = 2x - 3$
(2) $y = \dfrac{2}{3}x + 1$　（分数の入力については287ページを参照してください）
(3) $y = x^2 - 5x - 4$
(4) $y = ax^2 + x + 1$
(5) $y = x^3 + ax^2$

⇨《¥マニュアル¥練習1_1～練習1_5》

§4　表示領域と目盛の設定

グラフの拡大（ズーム）

例として、$y = x^2 + 2x + 1$ のグラフについて、その頂点付近を拡大してみましょう。

グラフを拡大するには、まず、

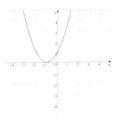

グラフウィンドウ上部のコントロールパレットにある［ズーム］ボタン をクリックして、このボタンを押し下げた状態（ズームモード）にします。

次に、拡大したい矩形領域のひとつの頂点でマウスの左ボタンを押し（図中◆印）、そのままボタンを離さずに反対側の頂点までドラッグし、そしてボタンを離します（図中×印）。

皆さんもやってみてください。もし、失敗したときには、UNDOボタン をクリックすれば、元の表示領域に戻ります。

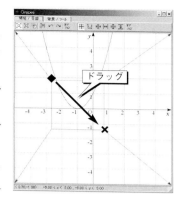

表示領域の拡大（ワイド）

ズームとは反対に、グラフを縮小し、より広い領域を画面に表示します。

まず、［ワイド］ボタン をクリックして、このボタンを押し下げた状態（ワイドモード）にします。

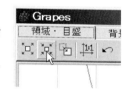

次に、現在の領域がどれくらい小さくなるかを矩形領域で指定します。矩形領域のひとつの頂点でマウスの左ボタンを押し（図中◆印）、そのままボタンを離さずに反対側の頂点までドラッグし、そしてボタンを離します（図中×印）。

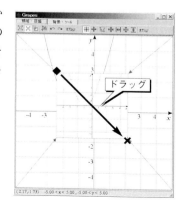

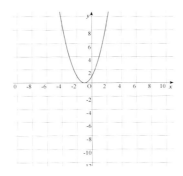

グラフの移動

グラフを移動するには、コントロールパレットにある［移動］ボタン をクリックして、このボタンを押し下げた状態（移動モード）にします。

次に、グラフ表示エリアでマウスの左ボタンを押したままドラッグするとグラフが移動します。

スリーボタンのマウスなら、ズームモードやワイドモードのときでも、センターボタンを押してドラッグするだけでグラフの移動ができます。

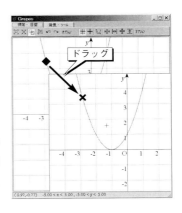

領域外軸表示

表示領域を変えていくと、座標軸が表示されなくなって、不便を感じることがあります。このような場合、［領域外軸表示］ボタン を押し下げると、グラフ表示領域の外に座標軸を表示します。

右図は、$y = \dfrac{1}{x}$ のグラフです。x の変域は 3.8≦x≦4.8 なので、y 軸はグラフ表示領域の中に入っていません。そこで、[領域外軸表示] ボタン を押し下げて、枠外に y 軸を表示しました。

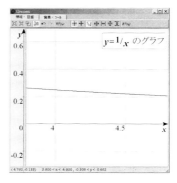

目盛を整える

1. 目盛格子線のON・OFF

   コントロールパレットにある［格子線表示］ボタン をクリックすると格子線が消えたり表示されたりします。

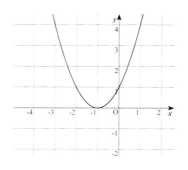
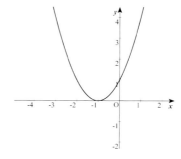

2. 目盛幅の調整

   目盛幅を調整するための4つのボタン 、 、 、 を使って、x 軸、y 軸方向それぞれの目盛幅を調整します。

§5　陰関数のグラフ

陰関数のグラフ

例として、デカルトの葉線と呼ばれている曲線 $x^3+y^3=3xy$ を描いてみましょう。

1．まず、データパネルの［陰関数エリア］の［作成］をクリックします。

2．そうすると、関数電卓が表示されますから、等式を入力します。

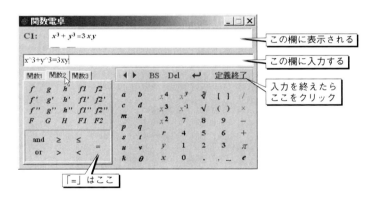

ボタンで操作するときには、

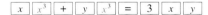

の順で関数電卓上のボタンを押します。「＝」は関数電卓の初期画面では表示されていません。［関数2］タグをクリックすると、等号や不等号が表示されます。

キーボードから入力するときは、

と入力します。

入力した結果は、関数電卓上部にきれいな式となって表示されます。
3．式の入力を終えたら、[定義終了] をクリックします。
4．[陰関数のプロパティ] ウィンドウが表示されますから、[OK] をクリックします。

もちろん、グラフの色や太さなどをここで指定することもできます。

うまく描けたでしょうか？

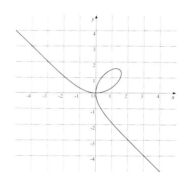

§練習2　次の陰関数のグラフを描いてみましょう。
(1) $3x+2y=12$
(2) $x^2+y^2=4$
(3) $x^2+2y^2=8$
(4) $x^2+y^2=2x-4y$
(5) $xy=6$
⇨《¥マニュアル¥練習2》

§6 分数や指数を入力するには

分数の入力

例えば、$\dfrac{2}{3}x$ を入力するには、

$\boxed{2}\ \boxed{/}\ \boxed{3}\ \boxed{\_}\ \boxed{x}$ 、または $\boxed{(}\ \boxed{2}\ \boxed{/}\ \boxed{3}\ \boxed{)}\ \boxed{x}$

の順にボタンを押します。$\boxed{\_}$ は、空白のことで、キーボードから入力するときは、スペースキーを押します。空白を入れずに、

$\boxed{2}\ \boxed{/}\ \boxed{3}\ \boxed{x}$

とすると、$\dfrac{2}{3x}$ のことになります。

指数の入力

x^3 を入力するには、すでに説明したように、

$\boxed{x}\ \boxed{x^3}$ （関数電卓）

$\boxed{X}\ \boxed{\wedge}\ \boxed{3}$ （キーボード）

としますが、一般の指数の場合、例えば、x^{n+1} の場合には、

$\boxed{x}\ \boxed{x^y}\ \boxed{(}\ \boxed{n}\ \boxed{+}\ \boxed{1}\ \boxed{)}$ （関数電卓）

$\boxed{X}\ \boxed{\wedge}\ \boxed{(}\ \boxed{N}\ \boxed{+}\ \boxed{1}\ \boxed{)}$ （キーボード）

とします。指数のあとに式が続く場合には、例えば、$x^3 y$ ならば、

$\boxed{x}\ \boxed{x^3}\ \boxed{y}$ （関数電卓）

$\boxed{X}\ \boxed{\wedge}\ \boxed{3}\ \boxed{\ }\ \boxed{Y}$ （キーボード）

とします。キーボードから入力するときは、指数のあとに忘れずに空白を入れましょう。

●ここにある内容も含めた、すべての操作方法はGRAPESのマニュアルで見ることができます。［ヘルプ］→［HTMLマニュアル］の順にクリックすれば開けます。なお、マニュアルの表紙にはWindows 95, NTでの動作も可能とありますが、本書ではその2つでの動作については確認していません。

GRAPES超簡単講座　287

解答

第1講
練習1
(1) 傾き 2 《¥第０１講¥第１講練習1_1》
(2) 傾き 3 《¥第０１講¥第１講練習1_2》

練習2

$$f'(a) = \lim_{h \to 0} \frac{(a+h)^2 - a^2}{h}$$
$$= \lim_{h \to 0} \frac{2ah + h^2}{h} = \lim_{h \to 0} (2a + h) = 2a$$

第2講
練習1

$f(x) = c$（定数）だから、グラフはx軸に平行
よって、$f'(x) = 0$

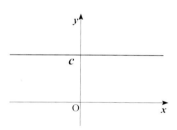

練習2
(1) $(x^3 - 3x^2)' = (x^3)' - 3(x^2)' = 3x^2 - 3 \cdot 2x = 3x^2 - 6x$
(2) $(-4x^2 + 3x + 2)' = -4(x^2)' + 3 \cdot x' + 2' = -4 \cdot 2x + 3 \cdot 1 + 0 = -8x + 3$

第 4 講
練習 1

(1) $y' = 2x - 8 = 2(x - 4)$

   $x < 4$ のとき、$y' < 0$ なので減少状態

   $x > 4$ のとき、$y' > 0$ なので増加状態

   頂点は $x = 4$ のときで、$y = 4^2 - 8 \cdot 4 + 12 = -4$

(2) $y' = -4x + 4 = -4(x - 1)$

   $x < 1$ のとき、$y' > 0$ なので増加状態

   $x > 1$ のとき、$y' < 0$ なので減少状態

   頂点は $x = 1$ のときで、$y = -2 \cdot 1^2 + 4 \cdot 1 = 2$

練習 2

(1) $y' = 3x^2 - 12x + 9 = 3(x - 1)(x - 3)$

x	$\cdots$	1	$\cdots$	3	$\cdots$
y'	+	0	−	0	+
y	↗	4	↘	0	↗

(2) $y' = -3x^2 + 6 = -3(x^2 - 2)$

x	$\cdots$	$-\sqrt{2}$	$\cdots$	$\sqrt{2}$	$\cdots$
y'	−	0	+	0	−
y	↘	$-4\sqrt{2}-1$	↗	$4\sqrt{2}-1$	↘

《¥第 0 4 講¥第 4 講練習 2 》

練習 3

$y' = 3x^2 - 6x + 3 = 3(x-1)^2$　極値はない

x	$\cdots$	1	$\cdots$
y'	$+$	0	$+$
y	$\nearrow$	1	$\nearrow$

《¥第０４講¥第４講練習３》

第５講

練習 1

（1）$y' = (x^2-3x)'(2x+3) + (x^2-3x)(2x+3)'$
$\qquad = (2x-3)(2x+3) + (x^2-3x)\cdot 2$
$\qquad = 6x^2 - 6x - 9$

（2）$y' = (x^2+5x-1)'(x^2-2) + (x^2+5x-1)(x^2-2)'$
$\qquad = (2x+5)(x^2-2) + (x^2+5x-1)\cdot 2x$
$\qquad = 4x^3 + 15x^2 - 6x - 10$

練習 2

（1）$y' = -\dfrac{(2x-1)'}{(2x-1)^2} = -\dfrac{2}{(2x-1)^2}$

（2）$y' = -\dfrac{(x^2)'}{(x^2)^2} = -\dfrac{2x}{x^4} = -\dfrac{2}{x^3}$

（3）$y' = \dfrac{(x+2)'(2x+1) - (x+2)(2x+1)'}{(2x+1)^2} = \dfrac{1\cdot(2x+1) - (x+2)\cdot 2}{(2x+1)^2} = -\dfrac{3}{(2x+1)^2}$

（4）$y' = \dfrac{(3x)'(x^2-2) - (3x)(x^2-2)'}{(x^2-2)^2} = \dfrac{3\cdot(x^2-2) - (3x)\cdot 2x}{(x^2-2)^2} = -\dfrac{3(x^2+2)}{(x^2-2)^2}$

第 6 講

練習 1

(1) $y=u^4$, $u=3x-2$ と考えて、

$$\frac{dy}{dx}=\frac{dy}{du}\frac{du}{dx}=4u^3\cdot 3=12(3x-2)^3$$

(2) $y=u^3$, $u=x^2-2x-1$ と考えて、

$$\frac{dy}{dx}=\frac{dy}{du}\frac{du}{dx}=3u^2(2x-2)=6(x^2-2x-1)^2(x-1)$$

練習 2

(1) $y'=2\cdot 3(2x+3)^2=6(2x+3)^2$

(2) $\left(\dfrac{1}{x}\right)'=-\dfrac{1}{x^2}$ なので、 $y'=-\dfrac{2}{(2x-1)^2}$

第 7 講

練習 1

《¥第 0 7 講¥第 7 講練習 1 》

練習 2

$y'=-\dfrac{2x+y}{x+2y}$ に $x=6$, $y=-2$ を代入して、

$$y'=-\frac{2\cdot 6-2}{6+2\cdot(-2)}=-5$$

《¥第 0 7 講¥第 7 講練習 2 》

練習解答　291

練習3

$x^2-2y^2=1$の両辺をxで微分して、

$$2x-4yy'=0 より、\quad y'=\frac{x}{2y}$$

これに、$x=3$, $y=2$を代入して、$y'=\frac{3}{4}$

《¥第０７講¥第７講練習３》

練習4

$y^3=x^2$の両辺をxで微分して、

$$3y^2y'=2x より、\quad y'=\frac{2x}{3y^2}=\frac{2}{3}\frac{x}{x^{\frac{4}{3}}}=\frac{2}{3}x^{1-\frac{4}{3}}=\frac{2}{3}x^{-\frac{1}{3}}$$

第8講
練習1　省略

第9講
練習1

$$\begin{aligned}
(\cos x)' &= \lim_{h \to 0}\frac{\cos(x+h)-\cos x}{h}\\
&= \lim_{h \to 0}\frac{\cos x\cos h-\sin x\sin h-\cos x}{h}\\
&= \lim_{h \to 0}\frac{\cos x(\cos h-1)-\sin x\sin h}{h}\\
&= \cos x\times\lim_{h \to 0}\frac{\cos h-1}{h}-\sin x\times\lim_{h \to 0}\frac{\sin h}{h}\\
&= \cos x\times 0-\sin x\times 1\\
&= -\sin x
\end{aligned}$$

292　練習解答

練習 2

$$\left(\frac{1}{\tan x}\right)' = \left(\frac{\cos x}{\sin x}\right)' = \frac{(\cos x)'\sin x - \cos x(\sin x)'}{\sin^2 x}$$

$$= \frac{-\sin^2 x - \cos^2 x}{\sin^2 x} = -\frac{1}{\sin^2 x}$$

第１０講

練習 1

最初の状態の２時間前と考えればよいので、

$$2^{-2} = \left(\frac{1}{2}\right)^2$$

練習 2

$$2^{\frac{3}{2}} = \sqrt{2^3} = \sqrt{8} = 2.8284\cdots$$

《¥第１０講¥第１０講練習２》

練習 3

$$y = 1000 \cdot \left(\frac{1}{10}\right)^{\frac{x}{15}} = 1000 \cdot 10^{-\frac{x}{15}}$$

《¥第１０講¥第１０講練習３》

第１１講

練習 1

（1）$y' = 3e^{3x}$

練習解答　293

(2) $y = e^u$, $u = -\dfrac{x^2}{2}$ とおいて、

$$\frac{dy}{dx} = \frac{dy}{du}\frac{du}{dx} = e^u \cdot (-x) = -x\,e^{-\frac{x^2}{2}}$$

第12講
練習1
《¥第12講¥第12講練習1a》

練習2　省略

第13講
練習1
(1) $2^7 = 128$　より、$\log_2 128 = 7$
(2) $10^4 = 10000$より、$\log_{10} 10000 = 4$

練習2
$y = \log_4 x$
《¥第13講¥第13講練習2》

第14講
練習1
$\log y = \log a^x = x\log a$の両辺を$x$で微分して、
$$\frac{y'}{y} = \log a より、y' = y\log a = a^x \log a$$

練習2

$$y = \frac{\log x}{\log a} \text{ より、} \quad y' = \frac{1}{\log a} \times \frac{1}{x} = \frac{1}{x \log a}$$

第15講
練習1

$y'' = -6x + 6 = -6(x-1)$ より、

$x < 1$ のとき下に凸、$x > 1$ のとき上に凸

練習2

(1) $y'' = 6x - 6 = 6(x-1)$ より、

　　 $x < 1$ のとき上に凸、$x > 1$ のとき下に凸

　　 変曲点は$(1, 1)$

(2) $y' = -\dfrac{2x}{(x^2+3)^2}$

　　 $y'' = \dfrac{6(x^2-1)}{(x^2+3)^3} = \dfrac{6(x-1)(x+1)}{(x^2+3)^3}$ より、

　　 $x < -1$, $1 < x$ のとき下に凸

　　 $-1 < x < 1$ のとき上に凸

　　 変曲点は、$\left(-1, \dfrac{1}{4}\right), \left(1, \dfrac{1}{4}\right)$

第16講
練習1

$y' = 9.8x$ に $x = 20$ を代入して、$y' = 196\text{m/s}$

練習解答　295

練習 2

速度 $v = \dfrac{dx}{dt} = -a\,k\sin kt$ 、加速度 $\alpha = \dfrac{dv}{dt} = -a\,k^2\cos kt$

第１７講
練習1

《¥第１７講¥第１７講練習１》

練習 2

(1) $\vec{v} = (\,2\,,-1\,)$, $\left|\,\vec{v}\,\right| = \sqrt{2^2 + (-1)^2} = \sqrt{5}$

(2) $\vec{v} = (-\sin t\,,\cos t\,)$, $\left|\,\vec{v}\,\right| = 1$

(3) $\vec{v} = (2\,t\,,2\,t - 2\,)$

$\left|\,\vec{v}\,\right| = \sqrt{(2\,t)^2 + (2\,t - 2)^2} = 2\sqrt{2\,t^2 - 2\,t + 1}$

《¥第１７講¥第１７講練習２》

第１９講
練習1　省略

練習 2

(1) $S = \dfrac{2}{n}\left\{ \left(\dfrac{2}{n}\right)^2 + \left(\dfrac{4}{n}\right)^2 + \cdots + \left(\dfrac{2n-2}{n}\right)^2 \right\}$

$= \dfrac{8}{n^3}\left\{ 1^2 + 2^2 + \cdots + (n-1)^2 \right\}$

$= \dfrac{8}{6}\left(\dfrac{n}{n}\right)\left(\dfrac{n-1}{n}\right)\left(\dfrac{2n-1}{n}\right)$

$= \dfrac{8}{6}\left(1 - \dfrac{1}{n}\right)\left(2 - \dfrac{1}{n}\right)$

ここで、$n \to \infty$ にすると、$S \to \dfrac{8}{3}$

(2)　$S = \dfrac{a}{n}\left\{ \left(\dfrac{a}{n}\right)^2 + \left(\dfrac{2a}{n}\right)^2 + \cdots + \left(\dfrac{a(n-1)}{n}\right)^2 \right\}$

$\quad = \dfrac{a^3}{n^3}\left\{ 1^2 + 2^2 + \cdots + (n-1)^2 \right\}$

$\quad = \dfrac{a^3}{6}\left(\dfrac{n}{n}\right)\left(\dfrac{n-1}{n}\right)\left(\dfrac{2n-1}{n}\right)$

$\quad = \dfrac{a^3}{6}\left(1 - \dfrac{1}{n}\right)\left(2 - \dfrac{1}{n}\right)$

ここで、$n \to \infty$ にすると、$S \to \dfrac{a^3}{3}$

練習3　省略

第２０講
練習1

(1)　$\displaystyle\int_1^4 x^2 dx = \int_0^4 x^2 dx - \int_0^1 x^2 dx = \dfrac{4^3}{3} - \dfrac{1^3}{3} = 21$

(2)　$\displaystyle\int_1^2 x^3 dx = \int_0^2 x^3 dx - \int_0^1 x^3 dx = \dfrac{2^4}{4} - \dfrac{1^4}{4} = \dfrac{15}{4}$

(3)　$\displaystyle\int_0^1 (3x^2 + 2x)dx = 3\int_0^1 x^2\, dx + 2\int_0^1 x\, dx$

$\qquad\qquad\qquad = 3 \times \dfrac{1}{3} + 2 \times \dfrac{1}{2} = 2$

練習解答　297

第21講

練習1

(1) $(2x^2)'=4x$ より、$\int 4x\,dx=2x^2+C$

(2) $\left(\dfrac{x^3}{3}\right)'=x^2$ より、$\int x^2\,dx=\dfrac{x^3}{3}+C$

練習2

(1) $\int 2x^3\,dx=2\cdot\dfrac{1}{4}x^4+C=\dfrac{1}{2}x^4+C$

(2) $\int\cos 2x\,dx=\dfrac{1}{2}\sin 2x+C$

練習3

(1) $\displaystyle\int_1^4 x^2\,dx=\left[\dfrac{x^3}{3}\right]_1^4=\dfrac{4^3}{3}-\dfrac{1^3}{3}=21$

(2) $\displaystyle\int_1^2\dfrac{dx}{x}=\left[\log x\right]_1^2=\log 2-\log 1=\log 2$

第22講

練習1

(1) $1.33333333\cdots$

(2) 0

(3) $1.88471041\cdots$

298　練習解答

第２３講

練習１

$y=0$になるのは、$-t^2+2t=0$より$t=0, 2$のときで、

t	$0 \to 2$
x	$0 \to 4$

だから、求める面積は、

$$\int_0^4 y\,dx = \int_0^2 y\,\frac{dx}{dt}\,dt = \int_0^2 (-t^2+2t)\cdot 2t\,dt = \left[-\frac{2t^4}{4}+\frac{4t^3}{3}\right]_0^2 = \frac{8}{3}$$

練習２

$x=\cos^3 t$ なので $x=u^3$，$u=\cos t$ と考えて、

$$\frac{dx}{dt} = \frac{dx}{du}\frac{du}{dt} = 3u^2(-\sin t) = -3\cos^2 t\sin t$$

また、

t	$\dfrac{\pi}{2} \to 0$
x	$0 \to 1$

よって、

$$\int_0^1 y\,dx = \int_{\frac{\pi}{2}}^0 y\,\frac{dx}{dt}\,dt = \int_{\frac{\pi}{2}}^0 \sin^3 t(-3\cos^2 t\sin t)\,dt = \int_0^{\frac{\pi}{2}} 3\sin^4 t\cos^2 t\,dt$$

なので、$y=3\sin^4 x\cos^2 x$ について $0\leqq x\leqq\dfrac{\pi}{2}$ の定積分を調べる。

面積は、およそ0.2945

《¥第２３講¥第２３講練習２》

練習解答　299

第 2 4 講

練習 1

(1) $V = \pi \int_0^2 \left(\sqrt{x}\right)^2 dx = \pi \int_0^2 x \, dx = \pi \left[\dfrac{x^2}{2}\right]_0^2 = 2\pi$

《¥第 2 4 講¥第 2 4 講練習 1 _ 1 》

(2) $V = \pi \int_{-2}^2 \left(\sqrt{x^2+1}\right)^2 dx = \pi \int_{-2}^2 (x^2+1) \, dx = \pi \left[\dfrac{x^3}{3} + x\right]_{-2}^2 = \dfrac{28}{3}\pi$

《¥第 2 4 講¥第 2 4 講練習 1 _ 2 》

第 2 5 講

練習 1

(1) $x = \cos^3 t$ より、$x = u^3$, $u = \cos t$ と考えて、

$\dfrac{dx}{dt} = \dfrac{dx}{du}\dfrac{du}{dt} = 3u^2(-\sin t) = -3\sin t \cos^2 t$

同様に、$\dfrac{dy}{dt} = 3\cos t \sin^2 t$ なので、

$\left(\dfrac{dx}{dt}\right)^2 + \left(\dfrac{dy}{dt}\right)^2 = (-3\sin t \cos^2 t)^2 + (3\cos t \sin^2 t)^2$

$= (3\sin t \cos t)^2(\cos^2 t + \sin^2 t) = (3\sin t \cos t)^2$

よって、

$L = 3\int_0^{\frac{\pi}{2}} \sin t \cos t \, dt$

$= \dfrac{3}{2}\int_0^{\frac{\pi}{2}} \sin 2t \, dt = \dfrac{3}{2}\left[-\dfrac{\cos 2t}{2}\right]_0^{\frac{\pi}{2}} = \dfrac{3}{2}$

(2) $\left(\dfrac{dx}{dt}\right)^2 + \left(\dfrac{dy}{dt}\right)^2 = 1^2 + \left(\dfrac{e^t - e^{-t}}{2}\right)^2$

$= 1 + \dfrac{(e^t)^2 - 2e^t e^{-t} + (e^{-t})^2}{4}$

$= \dfrac{4 + (e^{2t} - 2 + e^{-2t})}{4} = \dfrac{e^{2t} + 2 + e^{-2t}}{4} = \left(\dfrac{e^t + e^{-t}}{2}\right)^2$

より、

$L = \dfrac{1}{2} \displaystyle\int_0^1 (e^t + e^{-t}) dt = \dfrac{1}{2} \left[e^t - e^{-t} \right]_0^1 = \dfrac{1}{2} \left(e - \dfrac{1}{e} \right)$

おわりに

『パソコンらくらく高校数学 微分・積分』は、どうでしたか。楽しく読めたでしょうか。

この本で初めて微分積分を学んだ人は、微分積分について豊かなイメージを持つことができたと思います。もうすでに一度、微分積分を勉強したことがある人も、その理解がより深くなり、微分積分のイメージが広がったのではないでしょうか。どちらの人も、微分積分を大好きになってくれるとうれしいと思っています。

この本を読んだ君は、友田勝久先生の作ったGRAPESはとてもすばらしいソフトだということがわかったと思います。GRAPESは、高校生が調べようと思うほとんどの関数のグラフを瞬時に描くことができます。そしてまた、いろいろな角度でそのグラフを調べることもできます。

この本で、大介や久美と一緒に微分積分を勉強してきた君は、もう自由にGRAPESを使えるのではないでしょうか。GRAPESの機能はこの本に出てきたものだけではないので、それらを積極的に使ってください。まだまだ、知らない機能がいっぱい詰まっていて、とてもこの本だけでは書ききれません。それらを使えば、もっと簡単に・面白く・自由に数学の世界を味わうことができます。それはとても楽しいことです。

この本に出てきた使い方以外でよくわからないことがあるときは、ヘルプファイル（［ヘルプ］→［HTMLマニュアル］の順にクリックすれば見られます）を読むか、最後に挙げる参考図書を見てください。そして、それらを参考にGRAPESの機能を完全に使いこなすつもりで、いろんなグラフを調べてください。君のまだ知らない新たな世界につながることと思います。

私は、この本を友田先生と一緒に作っていて、ホントに楽しい時間を過ごすことができました。誘ってくださった友田先生に感謝しています。また、この本に登場する友部先生や、大介くん、久美ちゃんが、だんだん自分で勝手に話し出し、スムーズに話を進めることができました。登場した3人にも感謝しなくてはいけないと感じています。

　最後に、この本の出版にあたりいろいろお世話になった講談社ブルーバックス出版部の高月さんをはじめ、関係者の方々にお礼申し上げます。それから、これは友田先生も同じだと思います（確認しました）が、2人の著者が、数学の世界で楽しく過ごせるのは、よき理解者である「妻」のおかげであることをここに記しておきたいと思います。

堀部　和経

参考図書
●微積分に関する定義や概念の確認のため
『解析概論 改訂第3版』　高木貞治著　岩波書店（1983）
●GRAPESの機能を調べるため
『関数グラフソフト GRAPES パーフェクトガイド 改訂新版』　友田勝久著
文英堂（2003）

N.D.C.413.3　303p　18cm

ブルーバックスCD-ROM　BC05

パソコンらくらく高校数学 微分・積分
関数グラフソフト「GRAPES」で楽しく学ぶ

2003年10月20日　第1刷発行

著者	友田勝久
	堀部和経
発行者	野間佐和子
発行所	株式会社講談社
	〒112-8001 東京都文京区音羽2-12-21
電話	出版部　03-5395-3524
	販売部　03-5395-5817
	業務部　03-5395-3615
印刷所	(本文印刷)凸版印刷 株式会社
	(カバー表紙印刷)凸版印刷 株式会社
本文データ制作	講談社プリプレス制作部A
製本所	株式会社国宝社

定価はカバーに表示してあります。
© 友田勝久・堀部和経　2003, Printed in Japan

落丁本・乱丁本は購入書店名を明記のうえ、小社書籍業務部宛にお送りください。送料小社負担にてお取替えします。なお、この本についてのお問い合わせは、ブルーバックス出版部宛にお願いいたします。
Ⓡ〈日本複写権センター委託出版物〉本書の無断複写(コピー)は著作権法上での例外を除き、禁じられています。複写を希望される場合は、日本複写権センター(03-3401-2382)にご連絡ください。

ISBN4-06-274405-8

発刊のことば

科学をあなたのポケットに

二十世紀最大の特色は、それが科学時代であるということです。科学は日に日に進歩を続け、止まるところを知りません。ひと昔前の夢物語もどんどん現実化しており、今やわれわれの生活のすべてが、科学によってゆり動かされているといっても過言ではないでしょう。

そのような背景を考えれば、学者や学生はもちろん、産業人も、セールスマンも、ジャーナリストも、家庭の主婦も、みんなが科学を知らなければ、時代の流れに逆らうことになるでしょう。ブルーバックス発刊の意義と必然性はそこにあります。このシリーズは、読む人に科学的に物を考える習慣と、科学的に物を見る目を養っていただくことを最大の目標にしています。そのためには、単に原理や法則の解説に終始するのではなくて、政治や経済など、社会科学や人文科学にも関連させて、広い視野から問題を追究していきます。科学はむずかしいという先入観を改める表現と構成、それも類書にないブルーバックスの特色であると信じます。

一九六三年九月

野間省一